AF452467

COURS D'ARITHMÉTIQUE ÉLÉMENTAIRE,

EN TRENTE-TROIS LEÇONS,

ACCOMPAGNÉ

D'EXERCICES PRATIQUES OU PROBLÈMES GRADUÉS,

OUVRAGE TOUT-A-FAIT A LA PORTÉE DES ENFANTS
ET DES PLUS FAIBLES INTELLIGENCES,

PAR S⁰ⁿ PAUCHET-COURT,

ANCIEN ÉLÈVE DE L'ÉCOLE NORMALE DU DÉPARTEMENT DE LA SOMME,
ET INSTITUTEUR PRIVÉ A BEAUQUESNE.

PRIX : 60 c^{mes}

A PARIS,
CHEZ TÊTU, LIBRAIRE, RUE JEAN-JACQUES-ROUSSEAU, 3;

A AMIENS,
CHEZ CARON-VITET, IMPRIMEUR-LIBRAIRE.

1843.

PETIT COURS

D'ARITHMÉTIQUE

ÉLÉMENTAIRE.

PETIT COURS
D'ARITHMÉTIQUE

ÉLÉMENTAIRE,

EN TRENTE-TROIS LEÇONS,

ACCOMPAGNÉ

D'EXERCICES PRATIQUES OU PROBLÊMES GRADUÉS,

OUVRAGE TOUT-A-FAIT A LA PORTÉE DES ENFANTS

ET DES PLUS FAIBLES INTELLIGENCES,

Par S^{on} PAUCHET-COURT,

ANCIEN ÉLÈVE DE L'ÉCOLE NORMALE DU DÉPARTEMENT DE LA SOMME,

ET INSTITUTEUR PRIVÉ A BEAUQUESNE.

A PARIS,

CHEZ TETU, LIBRAIRE, RUE JEAN-JACQUES-ROUSSEAU, 3;

A AMIENS,

CHEZ CARON-VITET, IMPRIMEUR-LIBRAIRE.

1843.

INTRODUCTION.

Les personnes appelées, par leur vocation, à enseigner la Jeunesse, ont senti depuis longtemps la nécessité d'un bon livre tout élémentaire d'arithmétique qui pût être mis avec confiance entre les mains des commençants. Or, ce livre, presque tous l'ont vainement cherché, et nous aussi en particulier. La plupart des auteurs entrent dans des détails qui sont hors de la portée des enfants, et parlent un langage inintelligible pour eux.

Nous avons donc pensé qu'il n'était pas mal à propos de chercher à alléger, à aplanir les difficultés que rencontrent encore les enfants dans l'étude de l'arithmétique, et pour cela nous avons mis nous-même la main à l'œuvre

Ces leçons, nous les avons expliquées à des élèves de 7 à 11 ans, et nous avons constaté qu'elles avaient toutes été parfaitement comprises.

Persuadé que chaque Instituteur pourrait en obtenir le même résultat, et dans le but d'être utile à la Jeunesse, nous nous sommes décidé à livrer notre manuscrit à l'impression.

On nous pardonnera sans doute quelques inexactitudes que nous avons commises, parfois à dessein, guidé en cela par le seul désir d'être clair. — Quand les enfants seront un peu plus avancés, le maître pourra aisément rectifier ce qu'il pourrait se trouver d'inexact dans une définition ou même dans une règle.

PETIT COURS
D'ARITHMÉTIQUE ÉLÉMENTAIRE.

PREMIÈRE LEÇON.

NOTIONS PRÉLIMINAIRES

En coupant une règle en deux ou en trois, on la rend plus petite ; de même en ajoutant une pièce de toile à une autre pièce de toile, on rend cette pièce plus grande, plus longue. La règle et la pièce de toile sont donc des *quantités ou des grandeurs*, car *on appelle grandeur ou quantité tout ce qu'on peut rendre plus grand ou plus petit.* — Un morceau de pierre, une table, une brique, etc., sont encore des grandeurs.

Si l'on voulait savoir la longueur de la pièce de toile dont nous venons de parler, on prendrait une autre longueur que l'on connaît bien, on la porterait sur la pièce autant de fois qu'on pourrait le faire, pour savoir combien cette pièce contient de fois la seconde longueur que l'on a choisie, et qui a reçu le nom d'*unité. On appelle donc unité une grandeur qui sert à mesurer d'autres grandeurs plus grandes ou plus petites.* Dans trente pommes, l'unité est la pomme ; dans dix-sept carreaux, l'unité est le carreau, et dans quatre mètres, l'unité est le mètre.

Trente, dix-sept, quatre, un, sont des *nombres*, parce que des unités se trouvent jointes ensemble. — Ainsi *on appelle nombre une unité ou la réunion de plusieurs unités.*

DEUXIÈME LEÇON.

Quelquefois le nombre indique l'espèce d'unité, comme dans trente pommes; alors le nombre est appelé *concret*; d'autres fois il désigne des unités sans dire de quelle nature elles sont, comme quand on dit trente, sans dire rien de plus; dans ce cas, le nombre est *abstrait*. Cent cinquante ardoises, douze arbres, vingt-huit livres, sont des nombres concrets, et seize, vingt-deux, soixante-dix-huit, sont des nombres abstraits.

Il y a encore *trois* autres espèces de nombres : le nombre *entier*, comme soixante; le nombre *fractionnaire*, comme soixante et trois quarts, et la *fraction*, comme trois quarts ou une demie.

On voit donc que *le nombre entier renferme des unités entières seulement ; que le nombre fractionnaire renferme des unités entières, et de plus des parties d'unités, et que la fraction n'est qu'une partie de l'unité.*

Rendre les nombres plus grands ou plus

petits, c'est faire des *opérations*, et faire des opérations, c'est *calculer. Le calcul est donc la manière d'augmenter ou de diminuer les nombres.* Pour augmenter ou diminuer les nombres, on a inventé : *l'addition, la soustraction, la multiplication et la division.*

Nous verrons chacune de ces opérations en détail après avoir appris, au moyen de la *numération*, comment les nombres se forment.

TROISIÈME LEÇON.

NUMÉRATION.

Elle nous indique le moyen de former les nombres, de les nommer et de les écrire.

L'art (la manière) *de parler ou de nommer les nombres*, c'est la *numération parlée*, et l'art de les écrire, c'est la *numération écrite.*

FORMATION DES NOMBRES.

Pour former les nombres, on a ajouté *un ou une unité à une autre unité*, ce qui a donné un nombre, puis on a ajouté un à ce nombre, ce qui a donné un nouveau nombre, puis un à ce nouveau nombre, et l'on a eu un quatrième nombre, ainsi de suite en continuant d'ajouter un au dernier nombre obtenu. On voit par-là qu'il y a beaucoup de nombres ; mais on a trouvé un moyen facile de les représenter tous avec bien peu de mots et de chiffres, ainsi que nous allons le voir

QUATRIÈME LEÇON.

NUMÉRATION PARLÉE.

Pour représenter les nombres par la parole, on en a d'abord inventé *neuf*, qui sont : *un, deux, trois, quatre, cinq, six, sept, huit* et *neuf*. Si à neuf on ajoute *un*, on a le nombre *dix*, et on lui donne le nom de *dizaine*, et l'on peut compter avec les dizaines comme avec les unités ; on dit donc : *une dizaine, deux dizaines, trois dizaines, quatre, cinq, six, sept, huit, neuf dizaines*.

Une dizaine, c'est dix ;
Deux dizaines, c'est vingt ;
Trois dizaines, ... trente ;
Quatre dizaines, ... quarante ;
Cinq dizaines, ... cinquante ;
Six dizaines, ... soixante ;
Sept dizaines, ... soixante-dix ;
Huit dizaines, ... quatre-vingts ;
Neuf dizaines, ... quatre-vingt-dix.

Or, en ajoutant à *dix* les neuf premiers nombres, on a :
dix-un ou onze,
dix-deux ou douze,
dix-trois ou treize,
dix-quatre ou quatorze,
dix-cinq ou quinze,
dix-six ou seize,
dix-sept, dix-huit, dix-neuf.

De même en ajoutant à *vingt*, ou la deuxième dizaine, les neuf premiers nombres, on a :

vingt-un, vingt-deux. . . . . vingt-neuf.

En continuant toujours, on a successivement :

trente-un, trente-deux. . . . . trente-neuf.
quarante-un, quarante-deux. . . quarante-neuf,

et ainsi de suite jusqu'à *quatre-vingt-dix-neuf.*

CINQUIÈME LEÇON.

Si à quatre-vingt-dix-neuf, on ajoute encore une unité, on aura le nombre *cent* ou *une centaine.* — De même qu'on a dit : *une unité, deux unités, trois unités, etc., une dizaine, deux dizaines, etc.,* on dit aussi : *une centaine, deux centaines, trois centaines, quatre, cinq, six, sept, huit, neuf centaines.*

Une centaine, c'est un cent;
Deux centaines, c'est deux cents;
Trois centaines, ... trois cents;
Quatre centaines, ... quatre cents;
Cinq centaines, ... cinq cents, etc., etc.

En ajoutant à chaque centaine les quatre-vingt-dix-neuf nombres précédents, on aura :

cent un, cent deux, cent trois, etc.;
deux cent un, deux cent deux, deux cent trois, etc.;

. . . .

neuf cent un, neuf cent deux, neuf cent trois, etc. . . . . neuf cent quatre-vingt-dix-neuf, qui, augmenté de un, donne *mille*.

On compte avec mille comme auparavant. On dit donc : *un mille, deux mille, etc.* — Mille fois mille forme un *million* ; — Mille millions réunis forment un *billion*, puis viennent les *trillions*, etc.

SIXIÈME LEÇON.

NUMÉRATION ÉCRITE.

Il aurait fallu beaucoup de temps pour représenter de grands nombres par l'écriture ordinaire, et de plus il aurait été bien difficile, par ce moyen, de faire certaines opérations. On a donc inventé des caractères qui, en abrégeant le temps, sont très-commodes pour le calcul. Ces caractères, qu'on appelle *chiffres*, sont au nombre de neuf. Ils s'écrivent comme il suit :

1   2   3   4   5   6   7   8   9.

un, deux, trois, quatre, cinq, six, sept, huit, neuf.

Ils s'appellent *chiffres significatifs*

Ensuite on est convenu que s'il y avait plusieurs chiffres écrits les uns à côté des autres, comme 387, le premier à droite représenterait les *unités* ; le second, en allant vers la gauche, les *dizaines* ; le troisième, les *centaines* ; et ainsi de suite.

Donc, au lieu d'écrire en toutes lettres

trois centaines, huit dizaines et sept unités, on peut écrire 3 8 7.

Trois centaines, huit dizaines et sept unités peuvent encore se nommer *trois cent quatre vingt-sept unités*.

Mais maintenant supposons qu'on ait à écrire neuf centaines et trois unités. — Pour représenter les dizaines qui manquent dans ce nombre, on a été obligé d'inventer un autre signe, dont voici la forme (o) et qu'on nomme *zéro*. Ce zéro se met à la place des dizaines, de cette manière : 903.

On voit également que dans trois mille, quatre dizaines et six unités, les centaines sont manquantes ; on les remplace par un zéro : 3046, qui peut encore se lire *trois mille quarante-six*. Sans le zéro, on aurait eu 346, qui n'exprime que *trois cent quarante-six unités*. — *Le zéro est donc un chiffre sans valeur, dont on se sert pour conserver la place et la valeur des autres chiffres d'un nombre*.

Un chiffre significatif qui est à la gauche d'un zéro, vaut *dix fois plus* que s'il était tout seul. Ainsi :

10 *vaut une dizaine*,
20 *vaut deux dizaines*,
30 ..... *trois dizaines*,
40 ..... *quatre dizaines*,
50 ..... *cinq dizaines*,
60 ..... *six dizaines*,
70 ..... *sept dizaines*,
80 ..... *huit dizaines*,

90 *vaut neuf dizaines.* C'est une consé-
quence de ce que nous avons dit plus haut.

Quand un chiffre significatif est à la gauche de deux zéros, il vaut *cent fois plus* que
s'il était tout seul. Ainsi :

100 *vaut une centaine,*
200 *vaut deux centaines ,*
300 ..... *trois centaines ,* ·
400 ..... *quatre centaines , etc., etc.*

SEPTIÈME LEÇON.

MANIÈRE DE LIRE LES NOMBRES ENTIERS.

Supposons qu'on ait à lire le nombre
représenté par les chiffres 34804756.

Pour lire ce nombre, on le partagera en
tranches de trois chiffres, de cette façon,
en commençant par la droite : 34|804|756.
La dernière tranche à gauche peut n'avoir
pas trois chiffres, comme dans cet exemple.

La première à droite est la *tranche des
unités ;* la seconde en allant vers la gauche,
la *tranche des mille ;* la troisième celle des
millions. S'il y en avait davantage, on aurait
successivement la *tranche des billions ,* celle
des *trillions ,* etc. — Dans chaque tranche
de trois chiffres, il y a des *unités ,* des *dizaines* et des *centaines.*

Pour donner la facilité de comprendre,
nous écrivons au-dessus de la tranche le
nom qui lui convient, et au-dessous de

chaque chiffre, la valeur qu'il a d'après sa place, de cette manière :

millions.	mille.	unités.	
3 4	8 0 4	7 3 6	*u* veut dire unités.
d u	*c d u*	*c d u*	*d* veut dire dizaines.
			c veut dire centaines.

On pourra donc dire, en commençant par la gauche :

(Trois dizaines, c'est trente, plus quatre, c'est trente-quatre), *trente-quatre millions, huit cent quatre mille, sept cent trente-six unités.*

On voit, par cet exemple, que *pour lire un nombre lorsqu'il est écrit, on le partage en tranches de trois chiffres chacune, en commençant par la droite, et allant vers la gauche (la dernière tranche à gauche n'en a quelquefois que deux ou même un seul). On commence vers la gauche à lire chaque tranche comme si elle était toute seule, en ayant soin d'ajouter à la suite le nom qui lui convient.*

EXERCICES DE NUMÉRATION.— NOMBRES A LIRE.

Lire les nombres :

1°. 846, 648, 705, 507, 700, 914.

2°. 1952, 2591, 5912, 4016, 5006, 9000.

3°. 45678, 87525, 90004, 40906, 60300.

4°. 804605, 758064, 965007, 112233.

5°. 2469325, 1320052, 2376405, 5260004.

6°. 54321948, 90406051, 320506049.

7°. 301, 76504, 4055, 50000, 50498760.

8°. 1105035, 291046, 800000057.

HUITIÈME LEÇON.

MANIÈRE D'ÉCRIRE LES NOMBRES ENTIERS.

Supposons qu'il s'agisse d'écrire en chiffres le nombre (542823) *cinq cent quarante deux mille huit cent vingt trois unités.*

On écrit d'abord 5 pour les *cinq cents*; ensuite on dit : *quarante, c'est quatre dizaines,* que l'on écrit à la droite de 5, puis les 2 mille. — Passant maintenant aux unités simples, on écrit 8 pour les huit cents; puis on dit : *vingt c'est 2 dizaines,* on les écrit à la droite des centaines ; enfin on écrit les 3 unités qui restent et l'on a :

542,823 unités.

Soit encore à écrire le nombre *six millions cinquante-quatre unités.*

(6000054 unités.)

J'écris 6 pour les 6 millions ; ensuite je dis : après les millions, en diminuant, viennent les mille, il n'y en a pas, ni centaines, ni dizaines, ni unités, j'écris trois zéros pour en tenir la place ; enfin je vois que dans cinquante-quatre unités il n'y a pas encore de centaines, je les remplace par un zéro, et j'écris ensuite les 5 dizaines et les 4 unités. J'obtiens ainsi :

6000054 pour le nombre demandé.

Nous dirons donc : règle générale. *Pour écrire un nombre entier, on écrit chaque tranche de chiffres à mesure qu'on la dicte, en ayant soin de remplacer par des zéros les unités, dizaines ou centaines qui peuvent manquer.*

(*Nota.* Le maître s'attachera surtout à faire bien comprendre la numération à ses élèves, en leur donnant de nombreux exemples sur ce point si important pour bien faire toutes les opérations de l'arithmétique, qui a été définie : *la science des nombres et du calcul.*)

En terminant la numération, nous dirons que notre système de numération, ou manière de compter, se nomme *systeme décimal*, parce que les nombres augmentent ou diminuent de dix en dix, et aussi parce qu'on se sert de dix caractères seulement.

EXERCICES DE NUMÉRATION. — NOMBRES A ÉCRIRE.

Écrire les nombres :

1°. Huit cent cinquante quatre, — neuf cent quatorze, — cinq cent dix, — trois cent quatre.

2°. Trois mille quatre cent trente-cinq, — huit mille un, — neuf mille, — un mille trente, — six mille cinquante.

3°. Vingt-cinq mille quatre cent douze, — douze mille trois cents, — huit mille deux, — quatre-vingt quatorze mille.

4°. Neuf cent vingt-huit mille trois, — trois cent mille onze, — cinq cent soixante dix-sept mille cinq cent trois.

5°. Deux millions douze, — cinq millions cent soixante, — six millions quatre-vingt-dix-huit mille cinq unités.

6°. Trente-huit millions cinq cent mille six, — quarante millions, — six millions soixante-six, — vingt-cinq millions.

7°. Cinq cent douze millions neuf cent mille un, — neuf cent millions treize, — quatre cent quatre-vingt dix-neuf mille sept cent soixante dix-sept.

8°. Douze, — cinq cent deux, — huit cent cinq mille, — quatre-vingt-quinze, — trente mille vingt-huit, — six cent quatorze millions neuf cent trois.

NEUVIÈME LEÇON.

DES OPÉRATIONS FONDAMENTALES DE L'ARITHMÉTIQUE.

Nous avons déjà dit qu'il y a quatre opérations principales en arithmétique, qui sont : l'*addition*, la *soustraction*, la *multiplication* et la *division*. Nous ajouterons que l'*addition* et la *multiplication* servent à rendre les nombres plus grands, ou à les composer, et que la *soustraction* et la *division* servent à les décomposer, c'est-à-dire à les rendre plus petits. C'est ce que nous allons faire voir.

DE L'ADDITION.

Si l'on voulait savoir combien Eugène a reçu de pommes, sachant que sa mère lui en a donné 6, son père 8 et sa cousine 14, on réunirait ces trois nombres, et l'on trouverait que Eugène a reçu 28 pommes.

Cette opération, par laquelle on réunit plusieurs nombres de même espèce en un seul, se nomme ADDITION, *et le résultat se nomme* LA SOMME OU LE TOTAL.

Nous disons que les nombres doivent être de même espèce pour pouvoir être additionnés, autrement on ne saurait quelle espèce d'unité la somme représente. Supposons, en effet, qu'on veuille ajouter 6 encriers avec 3 plumes ; en réunissant 6 et 3 on obtient 9, mais ce ne sont ni 9 encriers ni 9 plumes. Ces nombres ne peuvent donc pas être additionnés parce qu'ils ne sont pas de même espèce.

Pour indiquer qu'on doit faire l'addition des nombres 4 et 5, on les sépare l'un et l'autre par ce signe +, qui signifie *plus* ou *augmenté de*..... Ainsi 4 + 5 signifie 4 plus 5, ou 4 augmenté de 5.

Il en est de même pour tout autre nombre.

DIXIÈME LEÇON.

Un père de famille a quatre enfants. Au premier il donne 6412 francs, au second, 5966 fr., au troisième, 4833 fr., et au quatrième, 905 fr. Combien ce père de famille a-t-il donné d'argent?

Je résoudrai cette question en réunissant les quatre sommes d'argent de cette manière :

$$
\begin{array}{r}
6412 \\
5976 \\
4833 \\
905 \\
\hline
18126
\end{array}
$$

J'ai bien soin de poser les nombres les uns sous les autres, de manière que les unités soient sous les unités, les dizaines sous les dizaines, les centaines sous les centaines, etc. ; ensuite je dis en commençant par la droite : 2 et 6 font 8 ; 8 et 3 font 11 ; 11 et 5 font 16. Mais dans 16 unités, il y a une dizaine plus 6 unités, j'écris les 6 unités et je retiens la dizaine pour l'ajouter aux dizaines de la colonne suivante à gauche, en disant : une dizaine de retenue plus 1 font 2 ; 2 et 7 font 9 ; 9 et 3 font 12 ; 12 dizaines font une centaine plus 2 dizaines, j'écris les 2 dizaines, et je reporte la centaine à la colonne des centaines. Je continue à opérer de la même manière jusqu'à la dernière colonne à gauche qui donne 18 mille ; ces 18 mille je les écris comme je les ai trouvés, car il n'y a plus de chiffres à additionner, et j'obtiens 18126.

Souvent on ne fait pas attention au nom

de la colonne sur laquelle on opère, on la regarde comme exprimant des unités simples à l'égard de la colonne qui est à sa gauche. — Ainsi on dit dans la pratique : 2 et 6 font 8 ; 8 et 3 font 11 ; 11 et 5 font 16 ; à 16 je pose 6 et je retiens 1, etc.

Il est facile de comprendre, d'après ce que nous venons de dire, que *pour faire une addition, il faut poser les nombres les uns sous les autres, de manière que les unités de même espèce se trouvent dans une même colonne verticale* (c'est-à-dire allant de haut en bas), *puis sous le dernier nombre on tire un trait horizontal (————) et l'on commence l'addition par la droite. Quand on obtient un nombre qui est moindre que 9 ou 9 lui-même, on l'écrit au-dessous du trait; quand il est plus grand que 9, on écrit les unités simples, et l'on retient les dizaines pour les ajouter avec les dizaines de la colonne suivante à gauche. On continue de même jusqu'à la dernière colonne à gauche, et la somme de cette colonne s'écrit comme on l'a trouvée.*

Pour vérifier une opération, on fait ce qu'on appelle une *preuve. Une preuve c'est une seconde opération que l'on fait pour savoir si la première a été bien faite.*

On fait la preuve de l'addition en comptant les mêmes chiffres qu'on a déjà comptés; mais au lieu d'aller de haut en bas comme dans l'addition, on va de bas en haut; ou bien on fait le contraire si l'on a commencé à compter de bas en haut. Si l'on retrouve les chiffres du total, c'est que l'opération à été bien faite ; dans le cas contraire, l'opération n'a pas été bien faite, et il faut la recommencer. On n'a pas besoin de poser de nouveaux chiffres, parce que ceux de la somme qui y sont déjà servent assez.

PROBLÊMES SUR L'ADDITION.

1°. Prosper a acheté à son voisin une pièce de terre pour 3185 fr. et une autre pièce pour 4845 fr. Combien Prosper a-t-il donné d'argent à son voisin ?

2°. Une pièce de toile a en longueur 213 mètres, une seconde, 86 mètres, une troisième 105, et une quatrième 97. On demande ce que toutes ces pièces réunies contiennent de mètres.

3°. Dans un magasin, il y a 1642 pièces de coton, 750 pièces d'alépine, 94 pièces de toile, 253 pièces de napolitaine ; combien y a-t-il de pièces en tout dans le magasin ?

4°. M. Martin a reçu une fois 382 francs, une autre fois, 1564 fr., une troisième fois 96 fr., et une quatrième fois 402 fr. Combien cette personne a-t-elle reçu en tout ?

5°. M. François reçoit 1400 fr. pour le loyer d'une maison, 983 fr. pour une autre, 1055 fr. pour une troisième et 154 fr. pour une quatrième. Combien M. François reçoit-il pour ses quatre miasons ?

6°. Madeleine a eu pour ses étrennes, le jour de la nouvelle année, une robe qui a coûté 240 fr., un châle qui a coûté 80 fr., un chapeau de 56 fr., et pour 8 fr. de dentelle. Combien a-t-on dépensé pour Madeleine?

7°. Un écolier avait dans sa bourse 53 fr., il a encore reçu de ses parents 108 fr., et de son oncle 95 fr.; combien a-t-il maintenant dans sa bourse, n'ayant encore rien dépensé?

8°. On demande combien il y a d'habitants dans les trois villages réunis : Beauquesne, Beauval, Montrelet, sachant que Beauquesne renferme 2748 habitants, Beauval, 2381, et Montrelet, 495.

9°. M. Ferdinand achète trois propriétés : la première lui coûte 5817 fr., la seconde, 7895 fr., et la troisième 948 fr. Combien M. Ferdinand doit-il donner d'argent pour l'achat de ces trois propriétés?

10°. Un marchand de bois a vendu lundi 538 stères de bois, mardi 1758 stères, vendredi 94 stères et samedi 176 stères. Combien cela fait-il de stères vendus?

11°. Quatre pièces d'alépine contiennent : la première 118 mètres, la seconde 105 mètres, la troisième 94 mètres et la quatrième 80 mètres. Combien contiennent-elles de mètres ensemble?

12°. Une personne doit les sommes suivantes : 142 fr. à Antoine, 6412 fr. à Natalis, 53 fr. à Alfred et 3847 fr. à Thimothée. Combien cette personne doit-elle en tout?

13°. M. Lucas, marchand de vin, a vendu 286 bouteilles de vin à Amédée, 9842 bouteilles à Chrisostome, 13205 à Philogène et 542 à Catherine. Combien M. Lucas a-t-il vendu de bouteilles de vin?

14°. M. Valbert a reçu quatre caisses de savon ; la première pesait 214 kilogrammes, la seconde 38 kilogrammes, la troisième. 225 kilogrammes, et la quatrième 406 kilogrammes. Combien les quatre caisses pèsent-elles ensemble ?

15°. Augustin dépense tous les ans 548 fr. pour sa nourriture, 1500 fr. pour ses habillements, 84 fr. pour ses menues dépenses, et 175 fr. pour le loyer de sa chambre. Combien Augustin dépense-t-il en tout tous les ans ?

16°. J'ai acheté 776 mètres de drap, 5338 mètres de calicot, 294 mètres de velours, 69290 mètres de ruban et 836 mètres d'alépine. Combien ai-je acheté de mètres de marchandise ?

ONZIÈME LEÇON.

DE LA SOUSTRACTION.

Sylvain avait dans sa bourse une somme de 8432 fr. ; mais il a acheté pour 3110 fr. de marchandises ; combien lui reste-t-il d'argent ?

Sylvain, pour payer ses marchandises, a retiré 3110 fr. de sa bourse. Pour savoir combien il lui reste, il faut aussi retirer 3110 fr. de 8342 fr., en d'autres termes, il faut faire une *soustraction*.

Cette opération, comme on le voit, *consiste à retrancher un plus petit nombre d'un plus grand de même espèce. Ce qui vient après l'opération se nomme le* RESTE.

Pour faire cette soustraction, j'écris d'abord. 8342
et au-dessous 3110, de cette manière. 3110
ayant bien soin de mettre les chiffres de même espèce les uns sous les autres.

Reste. 5232

Puis je tire un trait horizontal sous le plus petit nombre, et je dis, en commençant par la droite : 0 ôté ou retiré de 2, il reste 2, j'écris 2 ; je continue en disant : 1 ôté de 4 il reste 3 que j'écris ; 1 ôté de 3 il reste 2 ; 3 ôté de 8 il reste 5, j'écris 5 et il vient pour reste 5232. Donc Sylvain a encore dans sa bourse 5232 francs.

Soit, pour second exemple, à retrancher 852 de 1026. — On indique la soustraction en séparant les deux nombres par ce signe (—) qui signifie *moins*, de cette manière : 1026 — 852.

Pour faire l'opération, j'écris. . 1026
et au-dessous. 852

Reste. 174

Après avoir tiré le trait horizontal, je dis : 2 ôté de 6 il reste 4 que j'écris ; 5 ôté de 2, cela ne se peut pas. Pour pouvoir faire la soustraction, j'ajoute par la pensée 10 à 2, ce qui fait 12, et je dis : 5 ôté de 12 il reste 7. J'écris ce nombre au-dessous. Mais comme j'ai ajouté 10 au 2 du nombre supérieur, il faut que j'ajoute 1 à 8 (le chiffre inférieur suivant à gauche), ce qui fait 9. 9 ôté de 10 il reste 1. Le reste de la soustraction est donc 174.

Donc, règle générale. *Pour faire une soustraction, on pose d'abord le plus grand nombre et au-dessous le plus petit, de manière que les unités de même espèce soient les unes sous les autres, ensuite on tire un trait horizontal; et, commençant par la droite, on retranche les unes après les autres, toutes les unités du plus petit nombre de celles du plus grand, et l'on pose le reste au-dessous. Mais s'il arrive qu'un chiffre du nombre inférieur (plus petit) soit plus grand que celui du nombre supérieur, il faut ajouter 10 par la pensée au nombre supérieur, ensuite faire la soustraction, et ajouter 1 au chiffre inférieur suivant à gauche afin de rectifier l'erreur que l'on a faite. On continue de cette manière jusqu'à la dernière colonne à gauche, et la soustraction est faite.*

Pour faire la preuve d'une soustraction, il faut ajouter le reste avec le plus petit nombre, et quand on obtient le plus grand, c'est que l'opération a été bien faite. On n'a pas besoin de poser de nouveaux chiffres, parce que ceux du plus grand nombre peuvent servir.

PROBLÈMES SUR LA SOUSTRACTION.

1°. Un écolier a reçu de ses parents une somme de 1085 fr. ; mais il a dépensé, pour payer son maître, la somme de 858 fr. Combien lui reste-t-il ?

(27)

2°. On a pris 578 fr. dans une bourse qui contenait 2572 fr. Combien reste-t-il dans la bourse ?

5°. Louis a prêté à Philippe la somme de 12000 fr. Celui ci lui rend 4552 fr. Combien doit il encore rendre à Louis ?

4°. Charles devait 2146 fr., mais il a déjà rendu 1555 fr.; combien doit-il encore ?

5°. M. Marcel avait un magasin de toiles qui en contenait 1525 pièces; il en a vendu en trois fois 947 pièces. Combien y en a-t-il encore dans le magasin de M. Marcel ?

6°. M. Fruchard reçoit de M. Edmond la somme de 38452 fr.; il lui était dû 40208 fr. Combien doit encore recevoir M. Fruchard ?

7°. Madame Dubois avait en caisse la somme de 50445 francs; mais elle a prêté 1456 fr. à sa cousine; combien Mme. Dubois a-t-elle encore dans sa caisse ?

8°. Un marchand de vin avait 59854 bouteilles de vin dans sa cave; il en a vendu 18577 bouteilles; combien lui en reste-t-il ?

9°. Un marchand de blé devait m'en envoyer 5814 litres; mais il m'en envoie seulement 4915 litres; combien m'a-t-il envoyé de litres de blé de moins ?

10°. Dans un magasin de bois, il y avait 8740 stères de bois de chauffage; on en a vendu 5279 stères. Combien y a-t-il encore de stères de bois dans le magasin ?

11°. Simon et Henri doivent se partager la somme de 214910 francs. Simon prend 115248 fr. Combien reste-t-il à Henri ?

12°. Mon père me laissa en mourant

22500 fr. ; j'ai payé 493 fr. pour divers frais de son enterrement ; combien me reste-t-il d'argent ?

13°. Le reste de deux nombres est 5253241, et le plus grand des deux nombres est 9470580. On demande quel est le plus petit ?

14°. M. Anselme veut revendre 28205 fr. une maison qui lui a coûté 19943 fr. Quel bénéfice veut-il avoir ?

15°. Sur la somme de 400925 fr., que laissa un père à ses deux fils : Emile et Edouard, le premier a pris 228242 fr. Que reste-t-il au second ?

16°. On arrache 35916 arbres dans une pépinière qui en contenait 122472. Combien reste-t-il encore d'arbres dans la pépinière ?

PROBLÊMES SUR L'ADDITION ET LA SOUSTRACTION RÉUNIES.

1°. Evariste a donné à compte à son frère la somme de 1214 fr. ; il lui avait emprunté une fois 925 fr., et une autre fois 842 fr. Combien Evariste doit-il encore ?

2°. Paul a donné à Barthélemy une fois 814 fr., et une autre fois 96 fr. ; il lui devait 3277 fr. Combien Paul doit-il encore à Barthélemy ?

3°. On doit une somme de 58300 fr. ; on rend trois fois de l'argent : la première fois on rend 1340 fr., la deuxième fois 5412 fr., et la troisième fois 13472 fr. Combien doit-on encore rendre ?

4°. Ulysse devait à son cousin une somme de 2448 fr. Pour s'acquitter de cette dette, il rend 655 fr., et après 1176 fr. Combien Ulysse doit-il encore remettre à son cousin ?

5°. Un magasin d'avoine en contenait 45223 litres ; on y a pris une fois 2940 litres, une seconde fois, 789 litres, et une troisième fois 1879 litres. Combien reste-t-il de litres d'avoine dans le magasin ?

6°. On a pris une fois 2349 fr. et une autre fois 578 fr. dans une bourse qui contenait 5320 fr. Combien reste-t-il dans la bourse ?

7°. M. Lambert avait en magasin 1814 pièces de velours et 642 pièces d'alépine. Combien reste-t-il de pièces dans le magasin, sachant qu'on en a vendu le 1er. mars 405 pièces, et le 8 avril 92 pièces ?

8°. Dans une maison, Maurice a pour 2405 fr. de marchandises, et dans une autre il en a pour 5092 fr. ; il possède en argent 8600 fr.; combien restera-t-il à Maurice, après qu'il aura payé la somme de 768 fr. qu'il doit à Cyprien ?

9°. Un marchand de charbon avait 3528 hectolitres de charbon ; mais il en a vendu 815 hectolitres à plusieurs personnes, et il en a cédé à son cousin 1349 hectolitres. Combien reste-t-il de charbon à ce marchand ?

10°. Un boucher nommé Albert a emprunté à Richard, son ami, le 1er. janvier, la somme de 805 fr., et le 6 juillet, la somme de 1145 fr. Ce boucher, pour s'acquitter de sa dette, vend à son ami deux vaches, l'une 194 fr. et l'autre 246 fr. Combien le boucher Albert doit-il remettre d'argent à son ami Richard?

11°. On m'a promis une somme de 8000 f., et l'on m'a donné 507 fr., plus 1294 fr., plus 758 fr. Combien a-t-on encore à me compter d'argent?

12°. M. Leconte a donné 52320 fr. à son domestique pour acheter diverses propriétés. Ce domestique acheta un bois pour 10255 fr., un pré pour 9620 fr. et un champ de terre labourable pour 24694 fr. Combien doit-il remettre d'argent à M. Leconte, son maître?

13°. Le père de Nathalie possédait trois propriétés : la première contenait 153 ares, la seconde 1265 ares, et la troisième 4617 ares. Combien lui reste-t-il d'ares de terrain, sachant qu'il a donné à sa fille 1977 ares de ce même terrain?

14°. Pour la vente de quatre pièces de toile valant : la première 105 fr., la seconde 98 fr., la troisième 155 fr. et la quatrième 128 fr., Augustin a reçu 559 fr.; combien lui revient-il d'argent?

15°. Le père de Célestin et de Clémentine était riche de 55000 fr. Il donna en mariage à Célestin la somme de 12854 fr., et à Clémentine la somme de 14918 fr. Combien cet homme a-t-il donné à ses deux enfants? et quelle somme lui reste-t-il?

16°. Une personne entre dans une boutique avec 1805 fr.; elle achète pour 642 fr.

de drap, pour 98 fr. d'indienne et un châle qui lui coûte 55 fr. Combien cette personne a-t-elle dépensé? et combien lui reste-t-il d'argent?

DOUZIÈME LEÇON.

DE LA MULTIPLICATION.

Une pièce de drap coûte 408 fr., combien coûteront 12 pièces au même prix?

Il est certain que puisqu'une pièce coûte 408 fr., 12 pièces coûteront 12 fois plus qu'une seule pièce. Il faut donc répéter 12 fois le nombre 408, c'est-à-dire faire une multiplication. On peut donc dire que *la multiplication est une opération par laquelle on répète un nombre (qu'on appelle multiplicande) autant de fois qu'il y a d'unités dans un autre nombre (qu'on appelle multiplicateur.)* Ce qui vient après l'opération se nomme le *produit.* Les unités de ce produit sont de la même nature que celles du multiplicande; car le produit, c'est le multiplicande lui-même répété plusieurs fois.

On indique que des nombres doivent être multipliés, en les séparant par une croix ainsi faite $\times$, et qui signifie *multiplié par...* 408 $\times$ 12 signifie donc 408 multiplié par 12.

5 $\times$ 6; 812 $\times$ 7; 521 $\times$ 64, signifient encore que 5 doit être multiplié par 6; que 812 doit être multiplié par 7, que 521 doit être multiplié par 64.

Prenons d'abord le premier de ces trois exemples : c'est un nombre d'un seul chiffre à multiplier par un nombre aussi d'un seul chiffre.

Le produit d'un nombre d'un seul chiffre par un nombre d'un seul chiffre se trouve par un moyen bien simple.

On construit la table de multiplication suivante.

Sens horizontal.

1	2	3	4	5	6	7	8	9
2	4	6	8	10	12	14	16	18
3	6	9	12	15	18	21	24	27
4	8	12	16	20	24	28	32	36
5	10	15	20	25	30	35	40	45
6	12	18	24	30	36	42	48	54
7	14	21	28	35	42	49	56	63
8	16	24	32	40	48	56	64	72
9	18	27	36	45	54	63	72	81

Sens vertical.

Voici comment : On écrit d'abord les neuf

premiers nombres dans une même ligne verticale, et aussi en ligne horizontale ; on tire des traits pour séparer chaque nombre, puis on forme la seconde ligne verticale en ajoutant 2 à lui-même, ce qui donne 4, puis on ajoute 2 à 4 et l'on a 6, puis 2 à 6, ce qui donne 8, etc.

On forme la 3e. ligne verticale en ajoutant le 3 de la première colonne à lui-même, on a 6 ; on ajoute 3 à 6, il vient 9. On continue d'ajouter 3 au nombre écrit jusqu'à la fin de la colonne, et l'on forme les autres de la même manière en ajoutant toujours le nombre en tête de la première ligne à celui qu'on a obtenu auparavant. On a ainsi 81 carrés ou cases qui donnent le produit des 9 premiers chiffres deux à deux.

MANIÈRE DE SE SERVIR DE CETTE TABLE.

Supposons qu'on veuille trouver le produit de 5 par 6. On prend 5 dans la première ligne verticale et 6 dans la première ligne horizontale ; on suit du doigt ou avec les yeux les deux colonnes jusqu'au moment où elles se rencontrent, et dans la case on trouve 30, le produit cherché.

TREIZIÈME LEÇON.

Passons au second exemple donné : Multiplier 812 par 7.

812
7
————
8684

On écrit 812 et 7 au-dessous, on tire un trait horizontal sous ce dernier ; ensuite on dit : 7 fois 2 unités font 14 unités ; dans 14 unités il y a une dizaine plus 4 unités, on écrit les 4 unités, et l'on retient la dizaine pour l'ajouter au produit suivant de la colonne des dizaines, en disant : 7 fois une dizaine font 7 dizaines plus 1 font 8 ; on écrit 8, et l'on continue : 7 fois 8 centaines font 56 centaines ou 6 centaines et 5 mille, que l'on écrit, parce qu'il n'y a plus de chiffres à multiplier.

En opérant, on ne fait pas toujours attention à l'espèce d'unité, et l'on considère chaque nombre comme exprimant des unités simples à l'égard de la colonne qui est à sa gauche. On dit donc : 7 fois 2 font 14, je pose 4 et je retiens 1, etc. La règle à suivre dans ce cas est donc celle-ci :

Pour multiplier un nombre de plusieurs chiffres par un nombre d'un seul chiffre, on écrit d'abord le multiplicande et au-dessous le multiplicateur, on tire un trait horizontal sous celui-ci, et l'on multiplie chaque chiffre du multiplicande par celui du multiplicateur, en commençant par la droite et allant vers la gauche. Quand on obtient un produit qui n'est pas plus grand que 9, on le pose ; mais quand le produit est plus grand que 9, on pose seulement les unités ; on retient les dizaines pour les ajouter au produit suivant.

QUATORZIÈME LEÇON.

Enfin, pour troisième exemple, soit à multiplier 521 par 64. (Nous n'entrerons pas dans des détails rigoureux qui ne seraient pas encore compris des élèves à qui nous nous adressons.)

$$\begin{array}{r} 521 \\ 64 \\ \hline 1284 \\ 1926 \\ \hline 20544 \\ \hline \end{array}$$

On dispose l'opération comme au second exemple, et l'on multiplie 521 par le premier chiffre 4 du multiplicateur. Il vient 1284 pour produit. On passe ensuite au chiffre 6 qui est à sa gauche, et l'on opère de la même manière ; seulement on fait attention de poser le premier chiffre du produit dans la même ligne que le chiffre du multiplicateur, en d'autres termes , on a soin de reculer d'un rang vers la gauche, le premier chiffre à droite de chaque produit ; ensuite on additionne et l'on obtient le produit demandé.

Voici donc la règle générale à suivre :

Pour multiplier un nombre de plusieurs chiffres par un nombre aussi de plusieurs chiffres, on multiplie chaque chiffre du multiplicateur, pris seul, par tous les chiffres du multiplicande, en reculant d'un rang vers la gauche le premier chiffre à droite de chaque produit. On additionne tous les produits obtenus, et la somme donne le produit total.

QUINZIÈME LEÇON.

PREUVE DE LA MULTIPLICATION.

La preuve la plus courte, en général, de la multiplication, c'est la preuve par 9.

Avant d'expliquer la manière de la faire, soit à multiplier 843 par 746. Le produit est 628878.

$$
\begin{array}{r}
843 \\
746 \\
\hline
5058 \\
3372 \\
5901 \\
\hline
628878 \\
\hline
\end{array}
$$

(D'abord il faut observer que s'il y a des 9 dans les nombres on ne les compte pas.) Pour faire la preuve, je fais une croix, et je compte ensemble tous les chiffres de ce produit comme quand on fait une addition. Je dis donc : 6 et 2 font 8 et 8 font 16 et 8 font 24 et 7 font 31 et 8 font 39.

Comme on ne compte pas les 9, il reste 3, que je pose à la droite de la croix vers le haut. Passant maintenant aux chiffres du multiplicande, je dis : 8 + 4 font 12 ; 12 + 3 font 15 ; à 15 il y a 1 et 5, ce qui donne 6, je pose 6 à la gauche du 3, et opérant de même sur le multiplicateur, il vient 8 que je pose au-dessous du 6. Je multiplie 6 par 8, ce qui donne 48, et comptant enfin les chiffres toujours de la même manière, je dis : 4 et 8 font 12 ; à 12 il y a 1 et 2, ce qui fait 3, je pose 3 au-dessous du premier nombre qui est aussi 3. Donc la multiplication est bien faite, car le premier chiffre et le dernier sont semblables ou égaux.

Ainsi *pour faire la preuve par 9 de la multiplication, on compte ensemble les chiffres du produit comme quand on fait une addition. Quand la somme que l'on obtient est plus grande que 9, on fait une nouvelle addition avec le nombre obtenu et l'on pose ce qui vient. On fait la même chose avec le multiplicande et avec le multiplicateur ; on multiplie, l'un par l'autre, les deux nombres obtenus, et si, en faisant l'addition des chiffres du produit nouveau on obtient le même nombre que le premier, c'est que l'opération est bien faite.*

SEIZIÈME LEÇON.

REMARQUES SUR LA MULTIPLICATION.

PREMIÈRE REMARQUE.

On demande le prix de 2328 mètres de drap, sachant que le mètre coûte 17 fr.

Puisqu'un mètre de drap coûte 17 francs, 2328 mètres coûteront 2328 fois plus. Il faut donc répéter 17 francs 2328 fois. On trouve que les 2328 mètres de drap coûtent 39576 fr. *(Voir ci-après.)*

```
  17            2328
2328             17
----            ----
 156           16296
  34            2328
  51           -----
  34           39576
-----
39576
```

Mais on aurait pu obtenir le même produit en prenant 2328 pour multiplicande et 17 pour multiplicateur, ce qui est préférable lorsque le multiplicateur est plus fort que le multiplicande, car le produit est toujours le même. On dit donc que *le produit de deux nombres ne change pas quoiqu'on change l'ordre des deux facteurs* (c'est le nom qu'on donne en même temps au multiplicande et au multiplicateur.)

DEUXIÈME REMARQUE. — CAS OÙ L'ON ABRÉGE LA MULTIPLICATION.

1er. CAS. — Soit à multiplier 125 par 10.

Nous avons vu dans la numération qu'un chiffre significatif ayant à sa droite un zéro vaut 10 fois plus qu'auparavant. On peut dire aussi qu'un nombre quelconque vaut 10 fois plus quand il a un zéro à sa droite. Donc pour multiplier 125 par 10, il suffit d'écrire 1250. De même, un nombre suivi de deux zéros vaut 100 fois plus ; ainsi l'on aura multiplié 125 par 100 en écrivant 12500.

Règle générale. *Pour multiplier un nombre par 10, il suffit d'écrire un zéro vers sa droite ; pour le multiplier par 100, il suffit d'en écrire deux ; pour le multiplier par 1000, il suffirait d'en écrire trois, etc.*

2e. CAS. — Supposons qu'on ait à multiplier 125 par 20.

125   En multipliant 125 par 2, il vient
2   250, et écrivant ensuite le zéro qui
———   est à la droite du 2, on obtient 2500
2500   pour le produit cherché.

*Donc pour multiplier un nombre
par un autre suivi de zéros, il faut d'abord
multiplier par les chiffres significatifs, puis
écrire à la droite du produit les zéros qui se
trouvent à droite de l'un des facteurs, ou
des deux à la fois, quand les deux nombres
ont des zéros,* comme on le voit par l'exemple qui suit :

$$12600$$
$$5200$$

$$252$$
$$378$$

$$40520000$$

USAGES DE LA MULTIPLICATION.

On demande le prix de 500 tables, sachant qu'une seule coûte 8 fr.

Ici on connait le prix d'une table, et l'on
cherche le prix de plusieurs tables, par
conséquent on doit faire une multiplication,
car, en général, *on sait qu'on doit faire une
multiplication quand on connait le prix
d'une chose et que l'on cherche le prix de
plusieurs choses de même espèce.*

*On fait aussi une multiplication pour ré-
péter 2, 3, 4 fois, etc... le même nombre.*

Ainsi on fera une multiplication pour résoudre cette question : Un baril de vin contient 80 litres, combien contiendront 7 barils de même grandeur ?

PROBLÊMES SUR LA MULTIPLICATION.

1°. On a vendu 144 mouchoirs, à raison de 5 fr. le mouchoir; combien a-t-on reçu?

2°. Combien coûteront 217 mètres de drap, quand un mètre coûte 8 fr.?

3°. Antoine a acheté 335 robes à raison de 12 fr. la pièce. Combien Antoine a-t-il déboursé?

4°. Auguste vend 24 chevaux 452 fr. chacun l'un portant l'autre. Combien d'argent doit-il recevoir ?

5°. Un riche fermier a vendu 216 moutons chacun 28 fr. Combien doit-il recevoir?

6°. On demande combien il y a de jours dans 1843 années, chacune de 365 jours.

7°. Le fabricant Thomas avait 8 pièces de drap; chaque pièce avait 122 mètres. Il vendit le mètre à raison de 15 fr. Combien reçut-il d'argent pour sa marchandise?

8°. M. Étienne a 18 ouvriers qui ont travaillé pendant 27 jours. Il les paie alors tous à raison de 6 fr. par jour. Combien lui faut-il d'argent ?

9°. Un chef de fabrique a 20 ouvriers qui gagnent chacun 4 fr. par jour. Combien leur donnera-t-il après 34 jours de travail ?

10°. 39 ouvriers ont fait en un an 29370 mètres d'ouvrage. Si on les paie à raison de

1 fr. par mètre, combien faudra-t-il d'argent ?

11°. Isidore désire savoir combien il recevra pour la vente de 354 pièces de velours contenant chacune 65 mètres, le mètre à 2 fr. Faire cette opération.

12°. 15 commis ont travaillé pendant 182 jours sans recevoir d'argent. Au bout de ce temps on paie chacun d'eux à raison de 5 fr. par jour. Combien déboursera-t-on pour ces 15 commis ?

13°. Adrien achète 7 pièces de vin qui contiennent chacune 326 litres, le litre à raison de 3 fr. Combien doit-il donner d'argent ?

14°. Adélaïde achète 525 pains de sucre pesant chacun, l'un portant l'autre, 14 kil. Elle paie ce sucre à raison de 2 fr. le kilog. Combien dépense-t-elle ?

15°. M. Alexandre a reçu cette semaine 13 caisses de savon ; chaque caisse pesait 560 kilogr. Son marchand lui vend ce savon à raison de 3 fr. le kilogramme. Combien M. Alexandre doit-il à son marchand ?

16°. Olympe expédie 6 balles de velours ; chaque balle contient 30 pièces, et chaque pièce 45 mètres. Il vend le mètre de velours à raison de 4 fr. Quelle somme doit-il recevoir ?

PROBLÊMES SUR L'ADDITION ET LA MULTIPLICATION RÉUNIES.

1°. Léon a 2 pièces de vin. L'une des deux contient 176 litres, et l'autre 243 lit.

Il vend le litre 3 fr. Combien Léon doit-il recevoir pour ses deux pièces de vin ?

2°. Ernest et Eugène font ensemble le commerce de vins. Ils achètent 3 pièces de vin ; la première contient 95 litres ; la deuxième 106 litres, et la troisième 248 litres, le tout à raison de 2 fr. le litre. Combien doivent-ils payer pour ces 3 pièces ?

3°. Mme. veuve Darras a 3 ouvriers. Elle donne au premier 5 fr. par jour, au deuxième 4 fr. et au troisième 3 fr. Combien leur donne-t-elle d'argent au bout de 21 jours de travail ?

4°. Le maître d'une manufacture emploie 58 ouvriers qui gagnent par jour chacun 3 fr., plus 157 autres ouvriers qu'il paie à raison de 4 fr. par jour. Quelle somme dépense tous les jours cet homme pour payer ses ouvriers ?

5°. Combien devra débourser M. Arsène, au bout de 15 jours, pour payer 160 personnes qui gagnent 6 fr. par jour ?

6°. Célestin achète 6 pièces de terre qui lui coûtent chacune 1557 fr., plus 5 prés chacun 2850 fr. Combien Célestin doit-il payer pour ces achats ?

7°. Combien y a-t-il de mètres dans 16 pièces d'indienne de chacune 64 mètres, plus 28 autres pièces chacune de 55 mèt. ?

8°. M. Cornet vend 8 pièces d'alépine contenant chacune 105 mètres à 7 fr. le mètre, plus 50 pièces de drap, la pièce à raison de 1574 fr. A combien se monte sa facture ?

9°. Paulin achète 5 bœufs qui lui coûtent chacun 315 fr., plus 12 fr. pour droits d'entrée et 7 fr. pour la commission. Dites combien Paulin a dépensé pour ces 5 bœufs.

10°. Combien dois-je recevoir pour 456 baquets de savon vendus à raison de 25 fr. le baquet, et 1215 litres d'eau-de-vie à 1 fr. le litre ?

11°. Trois pièces de vin contiennent : la première, 454 lit., la deuxième 228 lit., et la troisième autant que la deuxième. M. Léopold, à qui ces pièces appartiennent, les vend à raison de 5 fr. le litre. Combien doit-il toucher d'argent ?

12°. Le fermier Abel vendit au marché 6 vaches chacune 240 fr., 500 moutons chacun 18 fr., 56 porcs à 26 fr. la pièce, et 2 chevaux à raison de 95 fr. chacun. Combien ce fermier a-t-il reçu en tout ?

13°. On demande combien coûteront 56 douzaines de casquettes à raison de 4 fr. la casquette, l'une dans l'autre.

14°. Florence, marchande de nouveautés, achète 24 douzaines de mouchoirs, le mouchoir à 7 fr.; elle achète de plus 850 mètres de fine dentelle à raison de 1 fr. le mètre. A combien se monte la facture de Florence ?

15°. Onésipe a acheté 564 bouteilles de vin, à raison de 2 fr. la bouteille; 5 caisses de savon contenant chacune 158 kilog., à 1 fr. le kil.; 4 pains de fromage, le pain à 12 fr., et pour 7 fr. de sel. Dites à combien se monte la dépense d'Onésipe pour ces divers achats.

16°. Un menuisier fait dans son année 54 tables à manger, à raison de 53 francs la table ; 5 commodes chacune à 65 fr., et 8 tableaux noirs à raison de 4 fr. la pièce. Combien ce menuisier reçoit-il pour ces divers objets ?

PROBLÈMES SUR L'ADDITION, LA SOUSTRACTION ET LA MULTIPLICATION RÉUNIES.

1°. Laurent a vendu 521 cravates à Augustine, à raison de 3 fr. la pièce, et 75 mètres de drap à Vincenot, le mètre à 14 fr. Combien Laurent recevra-t-il ? et combien lui restera-t-il s'il donne 37 fr. à son frère sur cette somme ?

2°. Pour payer la somme de 8322 fr. que devait Zéphirin, il a vendu 215 mètres de drap, à 9 fr. le mètre, plus 13 mouchoirs de soie à 7 fr. chacun. Combien lui manque-t-il d'argent ?

3°. Bonaventure doit une somme de 57220 fr., et pour la payer il vend 632 barils de Cognac, à 75 fr. le baril. Combien doit encore Bonaventure ?

4°. Dominique et Octave font un échange. Dominique vend à Octave 32 pièces de toile chacune 65 fr. Octave vend à Dominique 7 pièces d'alépine, à raison de 123 fr. la pièce. Quel est celui des deux qui redoit à l'autre ? et dites combien il lui redoit ?

5°. Martial revend 3 paniers de bouteilles de vin contenant chacun 58 bouteilles, à raison de 5 fr. la bouteille. Il avait acheté le vin 2 fr. la bouteille. Combien a-t-il gagné sur le tout ?

6°. Sulpice a acheté à M. Eloi 3 balles contenant chacune 255 mètres de napolitaine. Il paya cette napolitaine à raison de 5 fr. le mètre. Sachant que M. Eloi devait auparavant 848 fr. à Sulpice, on demande combien ce dernier doit donner encore à M. Eloi.

7°. Sébastien vend à René 5 caisses d'épiceries. La première caisse pèse 48 kilogr., la deuxième 137 kilogr., la troisième 506 kilogr., la quatrième 94 kilogr., et la cinquième 237 kilogr., le tout à raison de 4 fr. le kilogr. Combien Sébastien doit-il recevoir, s'il doit lui-même à René la somme de 945 fr. ?

8°. Marcelin a emprunté le 15 décembre une somme de 7814 fr., et le 1er. janvier la somme de 1035 fr. Pour payer la personne, il lui vend 6 pièces de terre chacune 2056 f., et 2 prés, l'un 1523 fr. et l'autre 977. Combien revient-il d'argent à Marcelin ?

9°. Charlemagne a acheté à Guillaume 1068 sacs de charbon : la moitié à raison de 3 fr. le sac et l'autre moitié à 2 fr. Pour combien d'argent Charlemagne a-t-il acheté de charbon ?

10°. Quatre petites caisses renferment chacune 24 douzaines de canifs. Si l'on paie les canifs à raison de 2 fr. la pièce, combien devra-t-on donner, sachant que l'on a acheté en même temps 13 rames de papier à raison de 4 fr. la rame ?

11°. Combien paiera-t-on pour 3 pièces de toile contenant : la première 108 mèt., la deuxième 92 mètres, et la troisième autant que la première, à 2 fr. le mètre; pour 15 pièces de coton à 32 fr. la pièce, et pour 11 kilogr. de laine à 7 fr. le kil.?

12°. Séraphine a emprunté à Zoé une fois 545 fr. et une autre fois 96 fr. Séraphine pour s'acquitter a vendu à Zoé 35 mètres d'indienne à 3 fr. le mètre, et elle lui a donné en argent 109 fr. Combien Séraphine doit-elle encore?

DIX-SEPTIÈME LEÇON.

DE LA DIVISION.

On veut partager 42 fr. entre 7 personnes; combien chaque personne aura-t-elle pour sa part?

L'opération qui consiste à partager un nombre (appelé dividende) en autant de parties égales qu'il y a d'unités dans un autre nombre (appelé diviseur) se nomme division. Ce qui vient après l'opération se nomme le QUOTIENT.

Comme on le voit, le nombre 42 à partager ou le dividende, est composé de deux chiffres, et le nombre 7 qui est le diviseur, ou le nombre par lequel on divise (partage) est d'un seul chiffre. Dans tous les cas comme celui-ci, pour faire la division, on se sert de la table de multiplication, et l'on s'en sert de cette manière :

On prend le diviseur 7 dans la première ligne horizontale, et l'on suit des yeux ou avec le doigt le long de cette colonne jusqu'à ce qu'on trouve le dividende 42. Au bout de la colonne horizontale à gauche, on trouve 6 pour le quotient cherché.

Second exemple de division. On a 50 pommes à partager entre 8 enfants; combien chaque enfant doit-il avoir de pommes?

On cherche le diviseur 8 dans la première colonne horizontale de la table de multiplication, et on descend le long de la colonne verticale pour chercher 50, qui ne s'y trouve pas, mais on s'arrête au nombre 48 qui approche de 50; on suit la colonne à gauche au bout de laquelle on trouve 6, qui est le nombre de pommes que chaque enfant doit avoir, et il reste 2 pommes, parce que 48 retranché de 50 donne 2 pour reste.

DIX-HUITIÈME LEÇON.

L'opération n'est pas toujours aussi facile à faire que celle des deux exemples que nous venons de donner.

Par exemple, proposons-nous de rechercher le quotient de 842 par 4. — Une division s'indique en plaçant deux points entre les deux nombres. Ces deux points signifient *divisé par...* Ainsi 842 : 4 veut dire 842 divisé par 4. On l'indique encore quelquefois par une petite ligne horizontale (—). On place le dividende au-dessus et.le diviseur au-dessous, comme

$$\frac{842}{4}$$

Pour faire l'opération, dans ce cas, on s'y prend de cette manière :

8.4.2|4
o4 |2 1 o
 o2

On écrit 842, et sur la même ligne on écrit 4, on sépare ces deux nombres par un trait verti-cal, ensuite on tire un trait hori-zontal sous le diviseur 4, et comme il y a un chiffre au diviseur, on en prend un aussi à la gauche du dividende. Ce chiffre est 8, après lequel on met un point. On dit : Dans 8, combien 4 y est-il contenu de fois? — La table de multiplication indique qu'il y est contenu 2 fois ; on met ce 2 sous le trait du diviseur, et l'on multiplie ensuite 2 par le diviseur 4, on trouve 8 pour produit. Ce nombre 8 ôté du 8 du dividende donne o pour reste, on écrit donc o sous 8. A la droite de ce o, on écrit le chiffre 4 qui suit, du dividende. On recommence la division comme tout-à-l'heure, en disant : dans 4 combien de fois 4 y est-il contenu? — Il y est contenu une fois, on écrit 1 à la droite du premier quotient. On multiplie comme tout-à-l'heure le nouveau quotient par le diviseur, et retranchant 4 de 4 il reste o, à la droite duquel on écrit le 2 qui suit. 2 ne pouvant pas contenir 4, on écrit o à la droite de 1, et il vient pour quotient 210, et pour reste 2.

DIX-NEUVIÈME LEÇON.

Soit encore à diviser le nombre 571688 par 426.

571688|426
5088 |872
1068
216

Il y a trois chiffres au diviseur, je dois en prendre trois aussi vers la gauche du dividende; mais comme le nombre 571 est plus petit que 426, j'en prends 4, et je mets un point sous le 6, qui est le 4e. chiffre. Je dis ensuite, en laissant de côté pour un moment les deux derniers chiffres du diviseur et du dividende partiel: en 57, combien 4 y est-il contenu de fois? — Il y est contenu 9 fois; mais en faisant l'opération je vois que 9 est trop fort, par conséquent j'écris 8, et je dis : 8 fois 6 font 48. Le premier nombre plus fort que 48 qui est terminé par 6, c'est 56 ; 48 retranché de 56 donne 8 pour reste, que j'écris; je retiens 5, parce qu'il y a 5 dizaines à 56. Je continue en disant : $8 \times 2 = 16$ plus **5 de** retenue font 21; le nombre 21 est terminé par 1; je dis donc : 21 ôté de 21, il reste o que j'écris ; je retiens 2 ; puis je dis encore : 4 fois 8 font 52, plus 2 font 54; 34 ôté de 37 reste 3. — A la droite du reste 308, j'écris le 8 du dividende, et je continue en disant : en 30, combien de fois 4 y est-il contenu ? — Il y est contenu 7 fois; je pose 7 et je dis : 7 fois 6 font 42. Le premier nombre plus grand que 42 qui finit par **8** est 48 ; je dis donc : 42 ôté de 48, il reste 6 que j'écris, et je continue toujours de la même manière jusqu'à la fin de la division. Je trouve 872 pour quotient, plus un reste 216.

On peut résumer ainsi ce que nous venons d'expliquer.

Règle générale. Pour faire une division, on écrit d'abord le dividende, et un peu plus loin à droite, le diviseur; entre le dividende et le diviseur, on met un trait vertical, et un trait horizontal sous le diviseur; ensuite on prend vers la gauche du dividende, autant de chiffres qu'il y en a au diviseur, ou bien un de plus quand le nombre est plus petit que le diviseur ; on cherche combien de fois le diviseur est contenu dans le dividende, et l'on écrit le nombre trouvé au quotient; on multiplie ce quotient par chaque chiffre du diviseur, et on fait la soustraction. A la droite du reste on descend (on écrit de nouveau) le chiffre qui suit, du dividende, et l'on fait la nouvelle opération comme la première. Si après avoir abaissé un chiffre du dividende, on obtenait un nombre plus petit que le diviseur, on mettrait un zéro au quotient, et l'on abaisserait aussitôt après le chiffre suivant du dividende pour continuer l'opération.

VINGTIÈME LEÇON.

PREUVE DE LA DIVISION.

On fait la preuve de la division en multipliant tous les chiffres du diviseur par ceux du quotient, et on additionne les produits, en ayant soin s'il y a un reste de le poser sous les autres chiffres avant de faire l'addition, comme on peut le voir par l'exemple qui suit, et qui est la preuve de l'opération précédente. — Les chiffres de la somme doivent (ce qui arrive ici) être semblables à ceux du dividende, si l'opération est bien faite.

$$
\begin{array}{r}
426 \\
872 \\
\hline
852 \\
2982 \\
3408 \\
216 \\
\hline
371688 \\
\hline
\end{array}
$$

Un autre moyen de faire la preuve de la division, quand il n'y a pas de reste, c'est de faire la preuve par 9, en regardant le dividende comme le produit d'une multiplication dont le diviseur et le quotient sont les facteurs. Ainsi on fait cette preuve comme celle de la multiplication, et s'il y a des 9 dans les nombres, il faut observer qu'on ne les compte pas.

Si le reste est très-petit, on peut aussi le retrancher du dividende, des derniers chiffres bien entendu, et faire encore la preuve par 9 avec le nouveau nombre.

USAGES DE LA DIVISION.

500 tables ont coûté 4000 fr., combien coûte une seule table?

Ici on connaît le prix de plusieurs tables, et l'on cherche le prix d'une seule table, par conséquent on doit faire une division, car, en général, *on sait qu'il faut faire une division quand on connaît le prix de plusieurs choses et que l'on cherche le prix d'une seule de ces mêmes choses.*

Rem. Dans l'exemple proposé, le dividende et le diviseur sont terminés par des zéros; dans tous les cas semblables, on peut abréger la division, en retranchant à la droite de chacun de ces deux nombres autant de zéros qu'il y en a dans celui qui en contient le moins.

Voici l'opération abrégée.

$$\begin{array}{c|l} 400\not0 & 5\not0\not0 \\ 00 & \overline{\text{8 fr.}}\text{, prix d'une seule table.} \end{array}$$

PROBLÊMES SUR LA DIVISION.

1°. Remy a payé 382 fr. pour 43 mètres de drap; à combien lui revient le mètre ?

2°. Léger a payé 548 fr. pour 15 douzaines de mouchoirs; à combien lui revient la douzaine de mouchoirs ?

3°. Le charron Denis a fait dans son année 24 charrues qui lui ont rapporté 840 fr. Combien a-t-il vendu la charrue ?

4°. M. Mathurin a acheté 514 livres qui lui coûtent ensemble 2315 fr.; combien ont-ils coûté chacun l'un dans l'autre ?

5°. On demande combien chaque personne recevra d'une somme de 485260 fr. à partager entre 15 personnes.

6°. Mlle. Caroline reçoit tous les ans la somme de 5255 fr. pour sa pension ; combien peut-elle dépenser par jour, l'année étant de 365 jours ?

7°. La famille Leblanc a tous les ans un revenu de 52540 fr ; combien cette famille a-t-elle à dépenser par jour ?

8°. Une personne avait à faire 62400 mètres d'ouvrage en 180 jours. Combien devait-elle en faire par jour ?

9°. M. Alphonse a payé 169785 fr. pour 495 hectares de terre ; à combien revient l'hectare ?

10°. M. Adolphe, aubergiste, dit qu'il a vendu dans son année 528 hectolitres de vin, et qu'il a reçu 9658 fr. Si l'on veut savoir combien il a vendu l'hectolitre, que faut-il faire ? — Faire cette opération.

11°. Ernestine a payé 525987 francs pour 9495 mètres de drap. Combien lui a-t-on vendu le mètre de drap ?

12°. Nicolas, Pierre-François, Joseph et Jean-Baptiste, qui sont 4 associés, ont acheté 1286 kilogrammes de café pour la somme de 5858 fr. On demande à combien leur revient le kilogramme ? et combien chacun a-t-il payé pour sa part, ayant partagé ce café par portions égales ?

13°. Mme. Christophe doit pour diverses acquisitions, la somme de 65966 fr. qu'elle s'oblige de payer en 7 fois. De combien doit être chaque paiement ?

14°. Elisée avait acheté 432 hectolitres de vin pour 8640 fr. Il revendit ce vin et reçut 12960 fr. On demande 1°. combien lui a coûté un hectolitre. 2°. combien il l'a revendu ?

15°. Debry, marchand épicier, a acheté dans une année 239 kilogrammes de savon, pour la somme de 687 fr. Il les a revendus pour 946 fr. Combien a-t-il acheté le kilogramme de savon ? et combien l'a-t-il vendu ?

16°. 378 personnes ont à partager, par portions égales, la somme de 1234567 fr. Quelle est la part qui revient à chacune ?

PROBLÊMES SUR L'ADDITION ET LA DIVISION RÉUNIES.

1°. Boniface a acheté 2 pièces de drap : l'une contient 128 mètres et l'autre 96 mètres. Il paie pour les deux pièces la somme de 2808 fr. À combien lui revient le mètre ?

2°. Firmin a acheté à M. Brasseur 365 paires de gants pour la somme de 747 fr.; il en a acheté le même jour à M. Antonin 264 paires qu'il a payées 792 fr. À combien lui revient une paire de gants l'une dans l'autre ?

3°. M. Cordier, marchand de vin, a acheté 386 kilolitres de vin à son cousin, et 174 kilolitres à un ami. Il a déboursé, pour ces achats, la somme de 55687 fr. On demande combien il a payé le kilolitre.

4°. 3 pièces de toile ont été vendues ensemble la somme de 726 fr. La première pièce contient 75 mètres, la seconde 81 mètres, et la troisième 68 mètres. Combien a-t-on vendu le mètre ?

5°. Les deux frères Mathieu font ensemble le commerce. Ils ont acheté 2 voitures de briques. La 1re. contenait 16 mille briques, et la 2e. 15 mille. Ces deux frères ont payé pour le tout 406 fr. Combien leur a-t-on vendu le mille de briques ?

6°. Une armée se compose de 6540 hommes d'infanterie, de 5980 hommes de cavalerie, de 594 hommes du génie et de 5843 hommes d'artillerie. Combien d'hommes, considérés en masse, fera-t-on sortir, si l'on accorde le congé à un cinquième d'entre eux ?

7°. M. Marseille, entrepreneur, a reçu pour différents travaux, 5248 francs, plus 14510 fr., plus 9846 fr., plus 847. Quel est son bénéfice, sachant qu'il gagne un douzième sur le tout ?

8°. Le distributeur des aumônes de la paroisse Saint-Remy a reçu dans le courant des mois de janvier, février et mars, la somme de 1648 fr. ; au bout de 3 mois, il reçut encore de plusieurs personnes charitables 5650 fr. ; les mois de juillet, août et septembre lui ont fourni 912 fr., et les trois derniers de l'année, 756 fr. Il a toujours

distribué ses aumônes à 42 familles diffé-
rentes. On désire savoir ce que chacune
d'elles avait touché au bout de l'année.

PROBLÊMES SUR L'ADDITION, LA SOUSTRAC-TION, LA MULTIPLICATION ET LA DIVISION RÉUNIES.

1°. Pour 12 douzaines de mouchoirs, Cé-
leste a payé à son marchand la somme de
1258 fr. Combien doit-elle revendre chaque
mouchoir pour gagner 182 fr. sur le tout?

2°. M. Lemaître avait promis une récompense à son fils s'il pouvait diviser le nombre
569428 en deux parties dont l'une des deux
surpasse l'autre de 840 unités. Comment
l'enfant devait-il s'y prendre, et quels nombres fallait-il qu'il obtienne pour gagner la
récompense?

3°. 25 soldats doivent se partager la somme
de 320000 fr. ; il y a 9 officiers qui auront
chacun 4760 fr. Combien les autres soldats
auront-ils en se partageant le reste?

4°. 642 ouvriers ont fait 83460 mètres
d'ouvrage ; combien un seul ouvrier en a-
t-il fait, sachant qu'ils ont travaillé également ? Combien en feraient 58 autres travaillant de même?

5°. Leclercq a acheté 3 pièces de drap.
Les deux premières contiennent 68 mètres
chacune, et la troisième 75 mètres, le tout
pour 5064 fr. A combien revient le mètre?

6°. M\ᵉ. Henriette a acheté 95 kilogram.

de marchandises à 4 fr. le kilogramme, et 247 autres kilogrammes à 6 fr. le kilogr. A combien lui revient le kilogr. de marchandise, l'un dans l'autre ?

7°. La veuve de M. Georges a vendu 1279 mètres de drap à 36 fr. le mètre, et elle a gagné 1035 fr. sur son marché. Combien lui avait-on vendu le mètre de drap ?

8°. M. Boutmy promet une récompense à son ouvrier s'il fait 1196 mètres d'ouvrage en 13 jours ; sachant que l'ouvrier avait fait 688 mètres au bout de 8 jours, on demande s'il aura la récompense en travaillant toujours de même.

VINGT-UNIÈME LEÇON.

FRACTIONS DÉCIMALES.

Quand les élèves savent bien faire les quatre opérations fondamentales, sur les nombres entiers, le moment est venu de leur expliquer les fractions décimales. Selon nous, c'est chercher à embrouiller leur intelligence que de les faire calculer avec d'autres nombres que des nombres entiers avant que ceux-ci soient très-bien compris.

NUMÉRATION DES FRACTIONS DÉCIMALES.

Un gâteau peut être partagé en dix parties, et chaque partie peut être partagée en dix autres ; chacune de ces dernières peut encore être partagée en dix autres plus petites, etc. *Ces parties plus petites que l'unité, qui diminuent de dix en dix, se nomment par fractions décimales.*

Les premières parties du gâteau (1) se nomment des *dixièmes*; les secondes parties des *centièmes;* les troisièmes des *millièmes*, etc. Ainsi, le gâteau ou l'unité vaut 10 dixièmes, le dixième vaut 10 centièmes, et le centième vaut 10 millièmes; puis viennent les *dix-millièmes*, les *cent-millièmes*, les *millionièmes*, etc.

Puisque les fractions décimales sont plus petites que l'unité, elles s'écrivent à la droite des entiers; on a seulement soin, pour ne pas les mêler avec les entiers, de mettre une virgule entre elles et les entiers, de cette sorte :

$$17, \ 548.$$
entiers, décimales.

Le nombre ci-dessus se lit à volonté : 17 entiers, 5 dixièmes 4 centièmes et 8 millièmes, en disant le nom de chaque décimale; — ou bien : 17 entiers 548 millièmes, en ajoutant seulement à la fin du nombre décimal le nom de la dernière unité. Plus généralement, on suit cette dernière méthode. Donc,

Règle générale. *Pour lire un nombre décimal, on lit d'abord les entiers, s'il y en a ensuite la partie décimale comme si c'était un*

---

nombre entier, en ajoutant à la fin de cette partie décimale le nom de la dernière unité.

Si, au lieu d'avoir à lire ce nombre, 17,548 on l'avait à écrire, on écrirait d'abord les entiers, puis chaque fraction décimale à mesure qu'on la dicterait, c'est-à-dire les 5 dixièmes après les entiers, puis les 4 centièmes, puis les 8 millièmes, de cette manière : 17,548.

Ainsi, *pour écrire un nombre décimal, on écrit d'abord les entiers quand il y en a, et zéro quand il n'y en a pas, puis on écrit les dixièmes, les centièmes, les millièmes, etc., qu'on a dictés, en remplaçant par des zéros les unités décimales manquantes.*

Un nombre entier, avons-nous dit, devient 10 fois plus grand quand on écrit un zéro vers sa droite, et 100 fois plus grand quand on en écrit deux, etc. ; mais un nombre décimal ne change pas de valeur quand on met un ou plusieurs zéros à sa droite. Nous verrons, dans la multiplication des décimales, que si l'on veut changer la valeur du nombre, il faut changer la virgule de place.

EXERCICES DE NUMÉRATION DÉCIMALE.
NOMBRES A LIRE.

Lire les nombres :

1°. 846°, 64 ; 4,50 ; 0,675 ; 8,914.

2°. 0,1952 ; 78,5912 ; 541,4016.

3°. 60,0034 ; 9285,4005 ; 0,1308.

4°. 82,0005 ; 0,40037 ; 5,705085.

NOMBRES A ÉCRIRE.

Écrire les nombres :

1°. Trois unités, huit cent cinquante-quatre *millièmes*, — six *centièmes*, deux *millièmes*, soixante-un *millièmes*.

2°. Vingt-neuf unités, neuf cent sept *millièmes*, — soixante-dix-sept *dix-millièmes*, seize *centièmes*.

3°. Soixante-quatorze mille treize *cent-millièmes*, — vingt mille quatre *cent-millièmes*.

4°. Cinq unités, huit *millionièmes*, six *cent-millièmes*, quarante-trois *millionièmes*, cent cinquante-cinq unités, six cent sept mille trois cent cinq *millionièmes*.

VINGT-DEUXIÈME LEÇON.

ADDITION DES FRACTIONS DÉCIMALES.

On veut faire la somme des nombres 18 unités 415 millièmes ; 0,62 cent ; 4,8 dix., et 55,706 millièmes.

18,415   J'écris les quatre nombres en
0,62   mettant les unités de même espèce
4,8   les unes sous les autres, ainsi qu'on
55,706   le voit.

79,541   Je commence l'addition par la droite, comme pour les nombres entiers, en disant : $5 + 6 = 11$, j'écris 1 et je retiens 1 ; 1 de retenue et 1 font 2, plus 2 font 4, j'écris 4, etc.

— En plaçant la virgule au total sous les autres virgules, il vient 79,541 pour la somme demandée.

Si l'on avait crainte de prendre un chiffre dans une autre colonne que celle à laquelle il appartient, on pourrait ajouter assez de zéros à la droite des nombres qui ont moins de chiffres que les autres, pour qu'ils aient tous le même nombre de décimales.

On pourrait donc écrire :

```
18,415
 0,620
 4,800
55,706
______
79,541
```

Règle générale. L'addition des nombres décimaux se fait comme celle des nombres entiers. — On place la virgule à la somme sous les autres virgules.

Nota. — La soustraction des nombres décimaux, expliquée plus loin, fait encore partie de la 22e. leçon.

PROBLÈMES SUR L'ADDITION DES FRACTIONS DÉCIMALES.

1°. Jean-Jacques a acheté 6 pièces de mousseline qui contiennent : la première 58 mètres 20 centimètres (centimètre, 100e. partie du mètre), la deuxième 43 mètres 55 centimètres, la troisième 104 mètres, la quatrième 67 mètres, la cinquième 68 mètres 75 centimètres, et la sixième, 80 mèt. 85 centimèt. Combien toutes ces pièces réunies contiennent-elles de mètres ?

2°. Louis a reçu 548 fr. 50 cent. (le centime est 100 fois plus petit que le franc) pour une vente d'arbres, 96 fr. 25 cent. pour un cheval qu'il a vendu, et 1213 fr. pour plusieurs sacs de blé. Combien Louis a-t-il reçu d'argent ?

3°. Mon frère m'a prêté 58 stères 60 centistères de bois ; il en a vendu à Mme. Florent 178 stères, et il en a encore dans son magasin 942 stères 20 centistères. Combien y avait-il de bois dans le magasin de mon frère ?

4°. Une caisse de savon pesait 34 kilogrammes 5 dixièmes de kilogrammes ; une autre caisse pesait 140 kilogr. 58 centièmes ; une troisième pesait 96 kilogr. 145 millièmes, et une quatrième 82 kilogr. 67 centièmes. Combien ces caisses pesaient-elles toutes ensemble ?

─────────────────────

SUITE DE LA VINGT-DEUXIÈME LEÇON.

SOUSTRACTION DES NOMBRES DÉCIMAUX.

On veut retrancher 30 unités 287 millièmes de 42 unités 475 millièmes.

42,475
30,287
─────
12,188

On dispose l'opération comme ci-contre, et faisant la soustraction, en ayant soin de placer la virgule sous les autres virgules, il vient pour reste 12 unités 188.

Si l'un des deux nombres avait moins de

décimales que l'autre, on mettrait un nombre suffisant de zéros à sa droite, et l'on ferait la soustraction. Donc,

Règle générale. *La soustraction des fractions décimales se fait comme celle des nombres entiers, et l'on a soin de mettre la virgule au reste sous les autres virgules.*

PROBLÈMES SUR LA SOUSTRACTION DES NOMBRES DÉCIMAUX.

1°. Elise possédait une somme de 31 245 f. 80 cent.; elle a perdu 9850 fr. 50 cent. qu'elle avait prêtés. Quelle est sa fortune actuelle ?

2°. Une pièce de drap contenait 68 mètres 215 millièmes de mètre (ce qui se dit encore 215 millimètres); on y a coupé 49 mètres 70 centimètres. Combien reste-t-il de mètres à la pièce de drap ?

3°. M. Isidore a reçu 3217 fr. 40 cent. de M. Félix. Ce dernier lui devait 4503 francs 25 cent. Combien doit-il encore à M. Isidore ?

4°. Un tonneau d'eau-de-vie contenait 180 litres ; on en a tiré 106 litres 75 centilitres ou centièmes de litre. Combien reste-t-il d'eau-de-vie dans le tonneau ?

PROBLÈMES SUR L'ADDITION ET LA SOUSTRACTION RÉUNIES.

1°. Narcisse devait la somme de 3054 fr. 70 centimes. Il a donné à compte une fois 974 fr. 45 cent. et une autre fois 1912 fr. Combien Narcisse doit-il encore ?

2°. Dans un magasin, il y avait 17050 litres de blé ; mais on en a vendu d'abord 835 litres 24 centilitres, ensuite 1046 lit. ; enfin 977 litres 86 centilitres. Combien reste-t-il de blé dans le magasin ?

3°. Mme. Poiré, marchande de drap, a emprunté le 6 avril la somme de 2000 fr., et le 9 mai la somme de 758 fr. 65 cent. Pour payer sa dette, elle vend à la personne qui lui a prêté, pour 1543 fr. 90 cent. de marchandises. Combien doit-elle rendre encore ?

4°. Benoît a reçu le 3 juin 1405 fr. 10 c.; le 16 août 891 fr. 65 cent.; le 17 septembre 3572 fr. ; il devait recevoir la somme de 6090 fr. On demande combien il lui revient encore ?

5°. Pour la vente de six pièces de toile valant : la première 46 fr. 55 cent., la seconde, 60 fr. 375 millièmes, la troisième 57 fr., la quatrième 174 fr. 25 cent., la cinquième 108 fr. 125 millièmes, et la sixième 83 fr. 10 centimes, Napoléon a reçu le 3 décembre une somme de 405 francs et le 7 janvier une somme de 81 fr. 25 centimes. Combien d'argent lui est-il encore dû ?

VINGT-TROISIÈME LEÇON.

MULTIPLICATION DES NOMBRES DÉCIMAUX.

Pour multiplier le nombre 54 unités 861 par 10, il faut avancer la virgule après le 8, de cette manière : 548,61.

Donc *pour multiplier un nombre décimal par 10, il faut avancer la virgule d'un rang vers la droite ; — pour le multiplier par* 100, *il faut l'avancer de deux rangs*, comme 5486,1 ; — *pour le multiplier par* 1000, *il faut l'avancer de trois rangs*, comme 54861, ou pour mieux dire, dans ce cas on la retranche, parce qu'il n'y a plus de chiffres décimaux.

Proposons-nous maintenant de multiplier 52 unités 45 par 2 unités 25.

$$
\begin{array}{r}
52,45 \\
2,25 \\
\hline
1\,6225 \\
6\,490 \\
64\,90 \\
\hline
75,0125 \\
\end{array}
$$

L'opération faite sans remarquer les virgules, il vient 750125 ; mais il y a deux chiffres décimaux au multiplicande et deux au multiplicateur, cela fait 4 ; j'en compte donc 4 à la droite en allant vers la gauche, et je mets la virgule après le 4ᵉ. — Le produit est donc 75 unités 0125.

Donc *on fait la multiplication des nombres décimaux comme celle des nombres entiers ; seulement on a soin de mettre après une virgule, sur la droite du produit, autant de chiffres décimaux qu'il y en a dans les deux nombres, ou dans l'un des deux, quand il n'y en a qu'un qui a des décimales.*

Autre exemple. Soit à multiplier 0,25 par 0,015.

$$
\begin{array}{r}
0,25 \\
0,015 \\
\hline
125 \\
25 \\
\hline
0,00375 \\
\hline
\end{array}
$$

Le produit des deux nombres sans faire attention aux virgules est 375 ; mais il y a deux chiffres décimaux au multiplicande et trois au multiplicateur, en tout 5 ; or il n'y en a que trois au produit, par conséquent il faut ajouter deux zéros à la gauche de ce produit pour faire 5 chiffres, et mettre une virgule à la gauche du cinquième chiffre pour faire voir qu'il n'y a pas d'unités entières, et o à gauche de la virgule pour tenir la place des entiers.

PROBLÊMES SUR LA MULTIPLICATION DES NOMBRES DÉCIMAUX.

1°. Mme. Despréaux vendit 7 pièces de coton de chacune 63 mètres 45 centimètres, à raison de 1 fr. 75 cent. le mètre. Combien doit-elle recevoir d'argent ?

2°. Le maître d'une manufacture a 27 ouvriers qui gagnent chacun 2 fr. 65 cent. par jour. Combien leur donnera-t-il à tous après 18 jours de travail ?

3°. David a reçu la semaine dernière 6 caisses de savon pesant chacune 175 kilogrammes 642 millièmes de kilogramme, à raison de 4 fr. 75 cent. le kilogramme. Combien doit-il à son marchand ?

4°. Mme. Uranie envoie à M. Michel 8 balles de velours ; chaque balle contient 16 pièces, et chaque pièce 58 mètres 50 centimètres. Elle vend le mètre de velours 3 fr. 25 cent. Quel est le montant de la facture qu'elle envoie à M. Michel ?

PROBLÈMES SUR L'ADDITION ET LA MULTIPLICATION RÉUNIES.

1°. Léon a 2 pièces de vin. L'une des deux contient 176 litres et l'autre 243 lit. 40 centilitres. Il vend le litre 2 fr. 50 cent. Combien doit-il recevoir pour ses deux pièces de vin ?

2°. Vincent achète 5 pièces d'alépine, de chacune 97 mètres 15 centimètres à 4 fr. 20 cent. le mètre ; il achète de plus 24 pièces de velours, la pièce à raison de 76 fr. 85 cent. A combien se monte la facture de Vincent ?

3°. Combien y a-t-il de mètres dans 24 pièces de toile de chacune 128 mèt. 80 centimètres, et dans 20 autres pièces de chacune 106 mètres 25 centimètres ? Combien de mètres dans toutes les pièces réunies ?

4°. Mon père fait venir de Rouen 6000 plumes à raison de 0 fr. 012 millièmes la pièce ; plus 550 kilogrammes de café, le kilogramme à 3 fr. 25 cent. ; plus pour 17 f. de fromage ; plus 35 caisses de savon pesant chacune 15 kilogrammes 75 centièmes de kilogramme, à 1 fr. 80 cent. le kilogramme. Combien doit-il débourser pour toutes ces marchandises ?

PROBLÊMES SUR L'ADDITION, LA SOUSTRACTION ET LA MULTIPLICATION RÉUNIES.

(NOMBRES DÉCIMAUX.)

1°. Auguste a acheté pour 102 fr. 10 centimes de marchandises. Pour payer cette somme, il vend 25 litres d'eau-de-vie à 1 fr. 15 cent. le litre, et donne en argent la somme de 30 fr. Combien Auguste doit-il encore ?

2°. Armand et Denis font un échange. Armand vend à Denis 1000 plumes, à raison de 0 fr. 015 millièmes la pièce ; Denis vend à Armand 21 kilogrammes 10 cent⁶ˢ. de kilog. de sucre à 2 fr. 40 cent. le kilogr. Est-ce Armand ou Denis qui redoit ? Combien redoit-il ?

3°. Thierry vend à Noël 4 barils de vin. Les deux premiers contiennent chacun 175 litres 48 centilitres, le troisième contient 90 litres 70 centil., et le quatrième 5 litres de moins que le troisième ; il vend le vin à 1 fr. 75 cent. le litre. Combien doit-il recevoir, sachant qu'il doit à Noël la somme de 192 fr. ?

4°. Mˡˡᵉ. Joséphine a emprunté le 9 mars la somme de 2010 fr., et le 7 septembre la somme de 1122 fr. 90 cent. Pour payer la personne à qui elle a emprunté cet argent, elle lui vend 42 ares 50 centiares de terre, à raison de 50 fr. l'are. Combien doit-elle encore donner d'argent?

5°. Mme. Mathilde dit à sa fille Eliza qu'elle lui donnera un beau livre d'arithmétique pour son étrenne, si elle peut additionner les deux nombres 0 unités 00705 et 0 unités 010804, multiplier le résultat par 0 unités 017, et ensuite retrancher du produit le nombre 0 unités 000008740915. Quel dernier nombre Eliza doit-elle trouver?

VINGT-QUATRIÈME LEÇON.

DIVISION DES NOMBRES DÉCIMAUX.

Pour diviser le nombre 7524,5 par 10, on écrira 752,45, en mettant la virgule après le 2. (Elle est de cette sorte reculée d'un rang.) — Pour le diviser par 100, on la mettrait après le 3, et il viendrait 73,245. (La virgule est reculée de deux rangs.)

Ainsi *pour diviser un nombre décimal par 10, on recule la virgule d'un rang vers la gauche ; — pour le diviser par 100, on la recule de deux rangs ; — pour le diviser par 1000, on la recule de trois rangs, et de quatre rangs pour le diviser par 10000, c'est-à-dire d'autant de rangs qu'il y a de zéros à la droite de l'unité. On ajoute des zéros vers la gauche du nombre que l'on divise, s'il le faut.*

Soit proposé maintenant de diviser 52,45 par 2,25.

Les deux nombres ayant chacun 2 décimales, je puis les supprimer, parce que je rends les deux nombres 100 fois plus grands, et le quotient ne change pas.

J'écris donc

$$\begin{array}{c|c} 3245 & 225 \\ 955 & \overline{14} \\ 95 & \end{array}$$

et il vient pour quotient 14 plus un reste.

Donc *quand le dividende et le diviseur ont autant de décimales l'un que l'autre, on supprime la virgule (on l'efface) et l'on fait la division comme celle des nombres entiers.*

Un nombre entier est divisé par 10 quand on retranche un chiffre décimal vers sa droite, au moyen d'une virgule. Il est divisé par 100, quand on retranche deux chiffres décimaux, etc.

Exemple : Diviser 1248 par 100.

12,48.

VINGT-CINQUIÈME LEÇON.

2°. Exemple. Diviser 73,0125 par 32,45.

D'abord on peut supprimer la virgule dans le diviseur, et l'on aura 3245. Il faut, dans ce cas, avancer aussi la virgule de deux rangs vers la droite dans le dividende, et faire la division comme nous allons le dire.

$$\begin{array}{c|c} 7301,25 & 3245 \\ 811\ 2 & \overline{2,25} \\ 162\ 25 & \\ 00\ 00 & \end{array}$$

On divise d'abord les entiers par le diviseur, et il vient 2 ; à la droite du reste 811 on abaisse le 2

(71)

suivant ; mais comme on commence à se servir des chiffres décimaux, on met une virgule tout-de-suite au quotient, et l'on continue la division, qui donne 2,25 pour quotient.

Donc : Règle générale. *Quand le dividende contient plus de chiffres décimaux que le diviseur, on supprime la virgule dans le diviseur, ensuite on avance la virgule du dividende d'autant de rangs vers la droite qu'il y avait de chiffres décimaux au diviseur, et l'on fait la division. On a bien soin, quand on entre dans les chiffres décimaux, de mettre une virgule au quotient avant de continuer la division.*

Rem. On a vu précédemment qu'en faisant une division de nombres entiers, on obtenait quelquefois un reste. Or, cette règle nous donne le moyen de continuer l'opération avec ce reste.

Pour cela, on met tout-de-suite une virgule au quotient, et l'on écrit un zéro à la droite du reste, quand on veut avoir seulement des dixièmes, et l'on continue la division. Quand on veut avoir des centièmes, on écrit encore un zéro à la droite du nouveau reste, et ainsi de suite. On s'arrête quand on a obtenu autant de décimales qu'on voulait en avoir, et l'on ne fait plus attention au reste.

Exemple :

$$\begin{array}{r|l} 1435 & 6 \\ 23 & \overline{\quad 239,16} \\ 55 & \\ 10 & \\ 40 & \\ 4 & \end{array}$$

(Il restait 1 après la division de 1435 par 6.)

3ᵉ. **Exemple.** Diviser 432,45 par 1,565.

432450 | 1565
11945 | 276
.9900
.510

Ici le diviseur contient un chiffre décimal de plus que le dividende. Dans ce cas, on ajoute un zéro à la droite du dividende pour qu'il ait le même nombre de décimales, et l'on supprime la virgule dans les deux nombres avant de faire la division.

Donc, *quand le dividende contient moins de chiffres décimaux que le diviseur, il faut ajouter assez de zéros à la droite de ce dividende pour que le diviseur et le dividende en aient autant l'un que l'autre, et ensuite faire la division en supprimant les virgules.*

PROBLÊMES SUR LA DIVISION DES NOMBRES DÉCIMAUX.

1°. Athanase a payé 5995 fr. 50 cent. pour 26 douzaines de mouchoirs. A combien lui revient la douzaine de mouchoirs? et à combien lui revient un seul mouchoir?

2°. M. Lemire laisse en mourant une succession de 55608 fr. 45 cent.; 13 héritiers doivent se la partager par portions égales. Combien chacun d'eux aura-t-il?

3°. Six personnes ont acheté en commun 3540 kilogr. 75 centigr. de marchandises pour la somme de 2074 fr. 65 cent. On demande combien a coûté le kilogr., et ce que chaque personne paya pour sa part, ayant partagé la marchandise en parties égales?

4°. M. Narcisse avait acheté 43*x* hectoli-tres 25 centilitres de vin pour la somme de 398 fr. 10 cent. Il a vendu ce vin pour la somme de 510 fr. A quel prix lui revenait l'hectolitre ? Combien l'a-t-il revendu ?

PROBLÊMES SUR L'ADDITION ET LA DIVISION RÉUNIES.

(NOMBRES DÉCIMAUX.)

1°. Mlle. Désiré a acheté 3 pièces de drap. La première contient 50 mètres 40 centim., la seconde 37 mèt. 25 cent., et la troisième 40 mètres. Elle paya pour le tout 2473 fr. On demande ce que lui a coûté un mètre de drap.

2°. Une garnison a acheté une fois 12478 hectolitres de froment, une autre fois, 9507 hectolitres 70 cent^{es}. d'hectolitre; elle a tout consommé dans son année ; combien a-t-elle consommé d'hectolitres et de par-ties d'hectolitre par jour ?

3°. M. Léonard a acheté 418 mèt. 25 cent. de drap pour 10056 fr. 15 cent. Il les a re-vendus, et a gagné sur le tout 892 fr. 80 c. Quelles opérations faut-il faire pour con-naître le prix du mètre de drap dans les deux cas ? — Faire ces opérations.

4°. Emilie a acheté 28 mètres 55 centim. de drap pour 570 fr., 214 mètres 30 cent. de toile pour 417 fr. 43 cent., 150 rouleaux de calicot pour la somme de 1971 fr. et pour 84 fr. 65 cent. de dentelle. Elle s'oblige de payer son marchand en 10 termes ; quelle somme donnera-t-elle chaque fois ?

PROBLÊMES SUR L'ADDITION, LA SOUSTRACTION, LA MULTIPLICATION ET LA DIVISION RÉUNIES. (NOMBRES DÉCIMAUX.)

1°. Pour 26 douzaines de châles, Valère a payé à son marchand la somme de 5755 fr. 95 cent. Combien doit-il revendre le châle pour gagner 800 fr. sur le tout ?

2°. Treize personnes doivent se partager la somme de 500856 fr. Neuf d'entre elles auront chacune 28541 fr. 45 cent. Combien les autres auront-elles chacune en se partageant le reste ?

3°. Hortense achète à Pauline 322 kilogr. de savon pour 358 fr. 60 cent. ; elle achète à Alexis 85 kilogr. 425 millièmes de kilog. du même savon pour la somme de 108 francs 90 cent. Elle veut savoir à combien lui revient le kilogr. de savon l'un dans l'autre, et ce qu'elle doit encore sur ces achats, ayant donné 175 fr. à-compte à Pauline.

4°. M. Hubert, instituteur, disait aujourd'hui à Clément : Je te donnerai la croix si tu peux additionner les trois nombres : 0 unités 056 ; 119,4302 et 25,0008, ensuite multiplier la somme par 8,15, puis du produit retrancher 2,057. enfin diviser le reste par 7,5024. Quels résultats devait obtenir Clément pour mériter la croix ?

VINGT-SIXIÈME LEÇON.

DES FRACTIONS ORDINAIRES.

$\frac{3}{4}$ que l'on prononce *trois-quarts*, et $\frac{5}{6}$ que l'on prononce *cinq sixièmes*, sont des *fractions ordinaires*. La fraction $\frac{3}{4}$ signifie que l'unité a été partagée en quatre parties, et que l'on a pris trois de ces parties ; 3 est le *numérateur*, 4 le *dénominateur*.

La fraction $\frac{5}{6}$ signifie que l'on a partagé l'unité en 6 parties, et que l'on a pris 5 de ces parties ; 5 est le numérateur et 6 le dénominateur.

Ainsi *le dénominateur fait connaître en combien de parties l'unité est partagée, et le numérateur fait connaître combien on prend de parties.*

On a pu remarquer, après ce qu'on vient de dire :

1°. *Qu'on lit une fraction ordinaire en nommant d'abord le numérateur comme si c'était un nombre entier, ensuite le dénominateur aussi comme un nombre entier en ajoutant* ième *à la fin de ce dénominateur, quand ce n'est pas* 2, 3 *ou* 4, *car on ne dit pas* UN DEUXIÈME, *mais une demie ;* UN TROISIÈME, *mais un tiers, et l'on dit un quart au lieu de dire* UN QUATRIÈME.

2°. *Qu'on l'écrit en posant d'abord le numérateur, ensuite le dénominateur au-dessous, en mettant un petit trait horizontal entre eux.*

Le calcul des fractions ordinaires est plus difficile que celui des fractions décimales ; c'est pourquoi on change souvent une fraction ordinaire en une fraction décimale.

Changeons d'abord la fraction $\frac{3}{4}$ en fraction décimale.

30 | 4
20 | 0,75
00

Pour cela, on écrit 3 et 4 sur la même ligne comme pour une division. Ensuite on dit : 3 ne peut pas contenir 4 ; on met donc un zéro au quotient, suivi d'une virgule, parce qu'il n'y a pas d'unités, puis on écrit d'abord un zéro à la droite du dividende, et l'on fait la division ; à la droite du reste, on écrit encore un zéro, et continuant la division, on trouve que le quotient est 75 centièmes, fraction décimale qui est de même valeur que la fraction ordinaire 3/4. (1).

On fait la même chose avec la fraction $\frac{5}{6}$, et l'on trouve qu'elle vaut 833 millièmes.

50 | 6
20 | 0,833
20
2

Donc, *toutes les fois que l'on veut changer une fraction ordinaire en une fraction décimale, on met d'abord un zéro au quotient et une virgule après ce zéro, ensuite on divise le numérateur par le dénominateur.*

Nous ne dirons rien autre chose des fractions ordinaires, parce que les enfants devront toujours les réduire en fractions décimales.

---

(1) Dans le commerce on écrit ainsi les fractions.

APPLICATIONS.

Nous donnerons ici, pour application de la règle précédente, un problème qui se présente fréquemment à la campagne.

On a vendu 145 mètres de toile à raison de 12 sous 1 liard le mètre, combien doit-on recevoir ?

Raisonnement : 1 liard peut être considéré comme le quart d'un sou ; c'est donc comme si l'on avait dit : 12 sous $\frac{1}{4}$. Pour réduire ce quart en une fraction décimale, nous diviserons 1 par 4 d'après la règle ; ainsi :

$$
\begin{array}{l|l}
10 & 4 \\
20 & \overline{0,25} \\
00 &
\end{array}
$$

et nous trouvons qu'il vaut 0,25 centièmes. Or, comme un quart était ajouté à 12 sous, il faut aussi ajouter sa valeur à ces 12 sous, en mettant une virgule après les sous, et nous aurons 12,25.

Maintenant, pour réduire les sous et fractions en centimes, il faut les multiplier par 0 fr. 05 cent., parce qu'il y a 0 fr. 05 c. dans un sou. Il vient 0 fr. 6125 dix-millièmes qu'il faut multiplier par 145 m.

$$
\begin{array}{r}
12,25 \\
0,05 \\
\hline
0,6125 \\
\hline
\end{array}
\qquad
\begin{array}{r}
0,6125 \\
145 \\
\hline
3\ 0625 \\
24\ 500 \\
61\ 25 \\
\hline
88.8125 \\
\hline
\end{array}
$$

En séparant 4 chiffres décimaux on trouve qu'on recevra 88 fr. 81 cent. en négligeant les autres chiffres.

VINGT-SEPTIÈME LEÇON.

NOUVEAU SYSTÈME DES POIDS ET MESURES.

Une mesure ou une unité c'est la même chose.

On peut avoir à mesurer

1°. Des *longueurs*, comme la distance d'un arbre à un autre ;

2°. Des *surfaces*, ou ce qui a longueur et largeur, comme un tableau ;

3°. Des *volumes*, ou ce qui a longueur, largeur et épaisseur, comme une grosse pierre ;

4°. Des *capacités*, ou tout ce qui peut contenir une autre chose, comme un seau ;

5°. Des *objets quelconques qui sont pesants*, comme une brique de savon ;

6°. Des *monnaies*.

Il y a donc 6 espèces de mesures. Ce sont :

1°. Pour les longueurs, le *mètre* ;

2°. Pour les surfaces, le *mètre carré et l'are* ;

3°. Pour les volumes, le *mètre cube et le stère* ;

4°. Pour les capacités, le *litre* ;

5°. Pour les poids, le *gramme* ;

6°. Pour les monnaies, le *franc*.

La réunion de toutes ces mesures se nomme *système*. Comme elles viennent toutes du mètre, ce système se nomme *système métrique*; on l'appelle encore *système légal*, parce qu'il est reconnu par la loi.

Le mètre vaut, en anciennes mesures, 3 pieds 0 pouce 11 lignes et 296 millièmes de ligne.

Quand on veut obtenir des unités plus grandes que le mètre, on met devant le mot mètre un de ces quatre mots :

Déca, qui signifie *dix*; — un *décamètre*, c'est donc 10 mètres ;

Hecto, qui signifie *cent*; — un *hectomètre*, c'est donc 100 mètres ;

Kilo, qui signifie *mille*; — un *kilomètre* c'est donc 1000 mètres ;

Myria, qui signifie *dix-mille*; — un *myriamètre*, c'est donc 10000 mètres.

Quand on veut avoir des unités plus petites que le mètre, on met devant le mot mètre un de ces trois mots :

Déci, qui signifie *dixième* (0,1); — un *décimètre* c'est donc la dixième partie du mètre ;

Centi, qui signifie *centième* (0,01); — un *centimètre* est donc cent fois plus petit qu'un mètre ;

Milli, qui signifie *millième* (0,001); — un *millimètre*, c'est donc la millième partie du mètre.

VINGT-HUITIÈME LEÇON.

Il y a donc 7 mots pour désigner les unités plus grandes et plus petites que le mètre. Ils servent également pour les autres unités.

Ainsi, un *décagramme* représente dix grammes;

Un *hectogramme* représente cent gramm.;

Un *kilolitre* représente mille litres;

Un *décistère* représente la dixième partie du stère;

Un *centiare* représente la centième partie de l'are.

Il y a cependant des unités devant lesquelles on ne peut pas placer tous ces mots.

On dit seulement :

Surface. { Un *hectoare* ou *hectare* pour 100 ares,
Un *centiare* pour la centième partie de l'are.

Volume. { Un *décastère* pour désigner 10 stères,
Un *décistère* pour désigner la dixième partie du stère.

Pour les capacités, il n'y a pas de myrialitre ni de millilitre.

On ne dit pas non plus un décifranc, on dit un *décime ;* — Au lieu de dire un centifranc, on dit un *centime.*

Il y a bien des pièces de monnaie plus grandes que le franc, mais on ne les désigne pas avec les mots *déca, hecto,* etc.

Il y a la pièce de deux francs | en argent.
—   la pièce de cinq francs |

—   la pièce de vingt fr.
—   la pièce de quarante fr.
—   la pièce de quatre-vingts fr. } en or.
—   et la pièce de cent francs

VINGT-NEUVIÈME LEÇON.

1°. MESURES DE LONGUEUR.

L'unité des longueurs, avons-nous dit, est le *mètre*. Il vaut 10 *décimètres*; le décimètre vaut 10 *centimètres*, et le centimètre vaut 10 *millimètres*.

APPLICATIONS.

1°. Combien y a-t-il de décamètres, d'hectomètres, de kilomètres et de myriamètres dans 53246 mètres ?

$$\text{M K H D m}$$
$$5 \quad 3 \quad 2 \quad 4 \quad 6$$

Je représente les mètres par m (petit), les décamètres par D. les hectomètres par H, les kilomètres par K, et les myriamètres par M. — Je dis ensuite : après les mètres, en augmentant, viennent les décamètres, je mets D au-dessus du 4 ; après les décamètres viennent les hectomètres, je mets H au-dessus du 2 : puis K au-dessus du 3, puis M au-dessus du 5, et je trouve 5 myriam., 3 kilom., 2 hecto., 4 décam. et 6 mètres.

4.

2°. Combien y a-t-il de centimètres dans 3 mètres?

m d c
3 0 0

d *décimètre.*
c *centimètre.*

Après les mètres, en diminuant, viennent les décimètres, je mets zéro après le 3 pour les décimètres ; après les décimètres viennent les centimètres, j'écris zéro pour les centimètres, et je trouve que 3 mètres valent 300 centimètres.

3°. Combien y a-t-il de mètres dans 800 kilomètres?

k

800000 mètres.

Après les kilomètres, en diminuant, viennent les hectomètres, zéro pour les hectomètres ; puis les décamètres, zéro pour les décamètres ; puis les mètres, zéro pour les mètres, et je trouve que 800 kilomètres valent 800000 mètres.

TRENTIÈME LEÇON.

2°. MESURES DE SURFACE.

L'unité des surfaces est le *mètre carré.* C'est un carré qui a un mètre de longueur et un mètre de largeur. Il vaut 100 *décimètres carrés ;* le décimètre carré vaut 100 *centimètres carrés,* et le centimètre carré vaut 100 *millimètres carrés.*

Le nombre 34 ^{mq}, 5476 se lira donc 34 *mètres carrés* 54 *décimètres carrés et* 76 *centimètres carrés.*

Pour écrire 5 mètres carrés 5 décimètres carrés, on mettra

5 ^{mq}, 05 décimètres carrés,
et 5,0005 pour avoir des centimèt. carrés,
et 5,000005 pour avoir des millim. carrés ;
*car on met deux fois plus de chiffres que
pour les mesures de longueur.*

Quand on mesure les champs, l'unité des surfaces est l'*are*. C'est un carré (□) qui a dix mètres de chaque côté, ou bien 100 mètres de surface, car $10 \times 10 = 100$. L'unité plus grande ou son *multiple* est l'*hectare* qui vaut 100 ares, et son *sous-multiple* est le *centiare*. — Il faut 42 ares 21 centiares pour faire un journal.

3°. MESURES DE VOLUME.

L'unité des volumes est le *mètre cube* (1). Il vaut 1000 *décimètres cubes ;* le décimètre cube vaut 1000 *centimètres cubes ;* le centimètre cube vaut 1000 *millimètres cubes.*

Le nombre 0 ^{mc}, 500430062 se lira donc : zéro mètre cube, 500 décimètres cubes, 430 centimètres cubes et 62 millimètres cubes.

Pour écrire 5 décimètres cubes, on écrira :
0 ^{mc}, 005 décimètres cubes ,
et 0,000005 pour avoir des centimèt. cubes,
et 0,000000005 pour avoir des millim. cub.,
*car on écrit trois fois plus de chiffres que
pour les mesures ordinaires.*

Quand on mesure les bois de chauffage, au lieu de dire mètre cube , on dit *stère*. Il est à-peu-près 4 fois plus petit que la corde dont on se servait autrefois.

---

(1) Un cube est un corps qui a six faces carrées et égales, comme un dé à jouer.

TRENTE-UNIÈME LEÇON.

4 . MESURES DE CAPACITÉ.

L'unité des capacités est le *litre*. Il vaut 10 *décilitres*; le décilitre vaut 10 *centilitres*; le centilitre vaut 10 *millilitres*, etc. Il remplace la *pinte* et a la même valeur à-peu-près. Dans quelques pays, le litre vaut 2 pintes.

On suit, pour les applications, la même méthode que pour les mesures de longueur.

Ainsi on trouve que 3872 litres sont la même chose que

$$\begin{pmatrix} \text{K H D I} \\ 3\,8\,7\,2 \end{pmatrix}$$

3 kilolitres 8 hectolitres 7 décalit. et 2 litres.

5°. MESURES DE POIDS.

L'unité de poids est le *gramme*. Le gramme est égal au poids d'un centimètre cube d'eau pure. Ses multiples sont, comme on l'a vu, le *décagramme*, l'*hectogr*., le *kilogramme* qui vaut à-peu-près 2 *livres*, et le *myriagramme*. Le gramme se divise, en 10 *décigrammes* et le décigrammes en 10 *centigrammes*. Le *milligramme* est à-peu-près inusité.

Dans 86 kilogrammes et 9 décigrammes, on trouve qu'il y a 860090 centigrammes.

$$\begin{array}{c} \text{K H D g d c} \\ 8\,6\,0\,0\,0\,9\,0. \end{array}$$

6°. MESURES MONÉTAIRES.

L'unité des monnaies est le *franc*. Cette pièce, qui pèse 5 grammes, contient le dixième de ces 5 grammes ou 5 *décigrammes* de cuivre. Ce cuivre rend la pièce plus dure que si elle était faite d'argent pur.

La pièce de deux francs pèse le double ou 10 *grammes*, et la pièce de cinq francs pèse 5 fois autant ou 25 *grammes*.

Le demi franc, ou pièce de cinquante centimes, pèse 2 grammes 50 centig.; le quart de franc, ou pièce de vingt-cinq centimes, pèse 1 gramme 25 centig.

Toutes ces pièces contiennent aussi le dixième de leur poids de cuivre.

Avec 19 pièces de 5 fr. et 11 pièces de 2 fr. placées à la suite les unes des autres, on retrouve la longueur du mètre.

PROBLÈMES SUR LE SYSTÈME MÉTRIQUE.

1°. Combien 524 kilomètres font-ils de mètres ?

2°. Additionner ensemble 25 décamètres, 9 hectomètres, 5145 mètres et 504 kilomètres. Dire combien le total contient de mètres.

3°. Pamphile et Némorin ont creusé ensemble un fossé. Pamphile en a fait 342 mètres 14 millimètres, et Némorin en a fait 210 mètres 33 centimètres. Quelle était la longueur du fossé ?

4°. Flore a acheté 4 hectolitres 13 litres de vin , et elle en a revendu 2 hectolitres 5 litres et 55 centilitres. Combien lui reste-t-il de vin ?

5°. Combien y a-t-il de grammes dans 542 kilogrammes et 35 grammes ? et combien y a-t-il de centigrammes ?

6°. Un tisserand , pour faire un pièce de toile, a employé 42 hectogrammes 8 gram. de fil ; il en avait reçu 5 kilogrammes. Combien reste-t-il de fil à ce tisserand ?

7°. Mme. Amélie avait acheté , pour passer l'hiver, 48 stères 5 décistères de bois; mais elle n'en a brûlé que 39 stères 6 décistères ; combien lui en reste-t-il de stères ?

8°. Ma sœur a reçu dans le courant du mois de mars, la somme de 3504 fr. 37 centimes ; dans le mois de juin , elle a reçu la somme de 988 fr. 52 cent. ; mais elle a déboursé 1976 fr. 80 cent. de cet argent. Combien lui en reste-t-il en caisse ?

9°. Manassé a acheté deux pièces de terre. La première contient 1 hectare et 6 ares ; la seconde contient 3 hectares 21 ares et 42 centiares. Comme il en a cédé à son neveu 84 ares 95 centiares, on demande combien il lui en reste.

10°. Zémire a acheté 52 hectomètres 84 millimètres de drap, à raison de 28 fr. le mètre. Combien doit-il payer ?

11°. M. Wulphy vend, à raison de 15 fr. l'hectolitre, 36 litres et 25 centilitres de vin; combien doit-il recevoir ?

12°. L'hectolitre de vin coûtant 25 francs 70 centimes, on demande ce que coûteront 97 litres.

13. Mme. Estelle consommait dans un an 7 kilolitres 5 décalitres et 30 centilitres de vin ; combien consommait-elle de litres de vin par jour, l'un portant l'autre ?

14°. Josué, Adèle et Léontine ont à se partager entre eux une propriété de 54 hectares 27 ares et 5 centiares ; combien chacun doit-il avoir de terre ?

15°. Sophronie veut acheter de la toile ; elle sait que pour 30 fr. 50 cent. elle en aurait 15 mètres 40 centimètres, combien en aura-t-elle de mètres ou parties de mètres pour 1 fr. ?

16°. Dix litres de liquide pesant 55 kilogrammes 10 grammes, on demande combien pèse un décilitre du même liquide ?

17°. Une pièce de 5 fr. pèse 25 grammes. Un sac pesant 30 kilogrammes, combien contiendrait-il de ces pièces ?

Nous ne pouvons nous empêcher de dire un mot des *règles de trois, d'intérêt* et de *société.*

TRENTE-DEUXIÈME LEÇON.

RÈGLE DE TROIS.

17 ouvriers ont fait en une semaine 153 mètres d'ouvrage en maçonnerie ; combien 15 ouvriers en auraient-ils fait de mètres pendant le même temps ?

Cette question est ce que l'on appelle une règle de *trois*, parce que effectivement trois nombres sont connus, et l'on cherche à en découvrir un quatrième.

Voici alors le raisonnement que l'on fait :

17 ouvriers font 153 mètres d'ouvrage ; un seul en ferait 17 fois moins que 17 ou $153 : 17 = 9$ mètres ;

Mais 15 ouvriers en feront 15 fois plus qu'un, c'est-à-dire $9^m \times 15$ ou 135 mètres.

Autre exemple. — 22 ouvriers font un ouvrage en 48 jours ; combien 34 ouvriers mettront-ils de temps à faire le même ouvrage ?

Raisonnement : 22 ouvriers mettent 48 jours pour faire l'ouvrage ; un seul ouvrier mettrait 22 fois plus de temps que 22 ouvriers réunis ; il mettrait $48 \times 22 = 576$ jours ; mais 34 ouvriers faisant 34 fois plus d'ouvrage qu'un seul, mettront 34 fois moins de jours, c'est-à-dire $576 : 34 = 17$ jours et un peu plus.

TRENTE-TROISIÈME LEÇON.

RÈGLE D'INTÉRÊT.

Sachant que 100 fr. placés à intérêt donnent 5 fr. de bénéfice, on demande combien on en recevra pour 1250 fr. ?

Puisque 100 fr. donnent 5 fr., un seul franc donnera 100 fois moins ou 5 : 100 = 0 fr. 05 centimes ; mais 1250 fr. produiront 1250 fois plus, c'est-à-dire 0 fr. 05 × 1250 = 62 fr. 50 centimes.

RÈGLE DE SOCIÉTÉ.

Pierre, Joseph et Philippe se sont réunis pour faire le commerce. Pierre a mis dans la caisse 2600 fr., Joseph en a mis 3000, et Philippe 2400. Ils se sont retirés du commerce avec un bénéfice de 12632 fr. Combien revient-il à chacun, d'après ce qu'il a mis d'argent ?

Je fais d'abord l'addition des trois sommes déposées. Le total est 8000 fr.

2600
3000
2400
—
8000
====

Maintenant je dis : 8000 francs ont donné 12632 francs de bénéfice, il est certain qu'un seul franc a donné 8000 fois moins, ou 12632 : 8000 = 1 fr. 579, et que 2600 francs, (la somme mise par Pierre) auront rapporté 2600 fois plus qu'un franc, c'est-à-dire 1,579 × 2600 = 4105,40 centimes. — C'est le bénéfice qui revient à Pierre.

On trouvera de la même manière que Joseph recevra 4737 fr., et que Philippe aura 3789 fr. 60 cent.

En réunissant ces trois nombres, on re trouve effectivement 12632 fr., la somme qui était à partager.

Voici du reste l'opération indiquée.

$$11632 : 8000 = 1,579.$$

$$1,579 \times 2600 = 4105,40$$
$$1,579 \times 3000 = 4737, \quad »$$
$$1,579 \times 2400 = 3789,60$$

Somme à partager...   12632,00

Nous ne nous étendrons pas davantage sur les trois règles dont nous venons de donner quelques exemples : c'est au maître qu'est laissé le soin de les faire suivre d'observations et d'autres exemples pratiques ; car nous nous sommes toujours rappelé que nous écrivions pour des enfants, la plupart de 7 à 11 ans, qui demandent par conséquent beaucoup de ménagement.

RÉCAPITULATION DES PROBLÈMES DU PETIT COURS D'ARITHMÉTIQUE.

1°. M. Nicaise a acheté pour 14570 francs de marchandise ; combien doit-il revendre cette marchandise pour gagner 865 francs ?

2°. Une pièce de terre a produit la première année 842 bottes de blé, la deuxième, 1246, la troisième année elle a produit 13 bottes de plus que la première année, et la quatrième 997 bottes. Combien a-t-on récolté de bottes de blé dans les quatre années ?

3°. Mademoiselle Aglaé doit payer une somme de 671 fr. 20 cent., et pour cela elle est obligée d'emprunter 98 fr. 65 centimes. Quelle somme d'argent possède-t-elle ?

4°. Stéphanie disait hier à sa voisine : Si je te prêtais 6037 fr. 15 cent., il me resterait encore 2400 fr. ; dis-moi ce que j'ai d'argent. — Faire l'opération.

5°. Anatole a reçu cette semaine 65 francs 25 cent., plus 107 fr., plus 540 fr. 70 cent., plus 2592 fr. ; mais il a payé 748 fr., plus 53 fr. 40 cent., plus 86 fr. Combien lui reste-t-il d'argent ?

6°. Le petit Irénée est âgé de 6 ans et 5 mois ; dites quel est son âge en minutes. (Il faut savoir qu'un an = 12 mois ; qu'un mois = 30 jours ; qu'un jour = 24 heures, et qu'une heure = 60 minutes.)

7°. La maison de madame Gustave dépense tous les ans 5308 fr. 75 centimes; que dépense-t-elle tous les jours l'un dans l'autre ?

8°. Florentin dépense 1 fr. 80 cent. par jour pour sa nourriture, 18 fr. par mois pour sa chambre ; il dépense par an 74 fr. pour payer sa blanchisseuse, 425 fr. pour ses habits, et 205 fr. 80 cent. pour ses menus plaisirs. On demande quelle est la dépense totale de Florentin au bout de l'année.

9°. La lumière du soleil nous arrivant en 8 minutes 22 centièmes, et la distance de la terre au soleil étant de 34500000 lieues, dites quel est le chemin que fait la lumière en une minute.

10°. Saturnin a acheté 364 mètres de drap à 24 fr. 40 cent. le mètre ; il les a revendus pour 10556 fr. , combien a-t-il gagné par mètre ?

11°. Ismérie achète 18 douzaines de châles, au prix de 25 fr. 40 cent. le châle; plus 55 mètres 80 centimètres de dentelle fine à 0 fr. 95 cent. le mètre. Quel est le montant de sa facture ?

12°. César jouissait d'un revenu annuel de 4000 fr. ; il a mis de côté 52,000 fr. en 25 ans ; combien dépensait-il par jour ?

13°. Siméon achète un kilogramme de marchandise qui lui coûte 2 fr. 55 centim.; combien lui coûte un gramme de cette marchandise ?

14°. Hégésipe vend 25 litres de Cognac, à raison de 84 fr. 50 cent. l'hectolitre; combien doit-il recevoir ?

15°. M. Stanislas achète 420 œufs au prix de 0 fr. 75 cent. la douzaine ; combien doit-il débourser ?

16°. Fortuné avait emprunté le 5 février la somme de 648 fr. 75 cent. et le 28 juillet la somme de 5200 fr. Pour s'acquitter de sa dette, il a vendu à la personne qui lui a prêté l'argent, 4 barils de vin, contenant chacun 90 litres, au prix de 0 fr. 85 cent. le litre ; combien a-t-il dû lui rendre d'argent ?

17°. Madame Arsène a acheté 84500 litres d'eau-de-vie pour la somme de 60400 fr.; mais elle a revendu l'eau-de-vie à 1 franc 22 centimes le litre. Combien a-t-elle gagné sur le tout ?

18°. Aubin entreprend un voyage de 478 kilomètres 90 mètres ; il a déjà fait 21465 mètres ; combien a-t-il encore à faire de kilomètres et de parties de kilomètres?

19°. Combien déboursera-t-on pour payer 13 ouvriers qui ont fait ensemble 102 mèt. 40 cent. d'ouvrage, le mètre à raison de 5 fr. 15 cent.? et combien donnera-t-on à chacun d'eux en particulier ?

20°. Médard a vendu 547 mètres 3/4 de toile à raison de 17 sous 1/2 le mètre, combien doit-il recevoir ?

21°. Une classe de 68 écoliers rapporte

153 fr. 55 cent. par mois au maître ; combien faudrait-il d'élèves au même prix pour gagner 264 fr. 30 cent. ?

22°. Mademoiselle Adélaïde a acheté 13 kilogrammes de beurre pour la somme de 24 fr. 70 cent. ; combien en aurait-elle eu pour 53 fr. 65 centimes ?

23°. Combien 5840 fr. placés à 6 pour cent par an donneront-ils d'intérêt au bout d'une année ? Combien recevra-t-on avec la somme placée ?

24°. Madame Romain a vendu la semaine dernière 54 mètres 3/8 de mousseline, dont 28 mètres à 4 francs 85 cent. et le reste à 5 francs. Combien madame Romain a-t-elle reçu ?

25°. Quatre marchands se sont associés. Le premier a mis 2000 francs, le deuxième 2320 fr., le troisième 3700 fr. et le quatrième 2400 fr. Ils ont gagné ensemble 14500 fr. Combien chacun doit-il avoir à proportion de sa mise ?

26°. M. Samuel a vendu à Brice 3 pièces de toile pour la somme de 461 fr. 15 cent. La première contenait 111 mètres 3/4, la deuxième 85 mètres et la troisième 97 mètres 1/4. Combien a-t-il vendu le mètre de toile ?

27°. M. Julien vend, moyennant la somme de 1750 fr. l'hectare, 43 hectares 56 ares 30 centiares de terre, combien doit-il recevoir ? Combien lui restera-t-il après qu'il aura rendu la somme de 25000 fr. qu'il a empruntée pour une année, à raison de 4 fr. pour 100 ?

28°. Séverin et ses trois frères : Marc, Hilaire et Sulpice, ont reçu 1300 fr. pour un ouvrage. Séverin y a travaillé 21 jours, Marc, 18 jours, Hilaire 30 jours et Sulpice 23 jours ; combien revient-il d'argent à chacun d'eux ?

29°. Mademoiselle Juliette achète 9 kilogrammes 8 grammes de marchandise qui lui coûtent 5 fr. 45 cent. plus cher que 5 kilogrammes 7 décagr. et 5 grammes ; à combien lui revient le gramme de marchandise ?

30°. 564 volumes avaient coûté 1631 fr. 10 centimes. En les revendant on a gagné 217 fr. 80 cent. Combien a-t-on gagné sur chaque volume, l'un portant l'autre ?

31°. Jérôme gagne 5 fr. 50 cent. par jour et ne dépense que 1 fr. 75 cent. ; combien aura-t-il gagné au bout de 5 mois 4 jours ?

32°. Honorine a acheté 4 pièces de toile contenant : les deux premières 103 mètres chacune, la troisième 119 mètres 1/2, et la quatrième 2 mètres de moins que la troisième. Elle a acheté cette toile au prix de 0 fr. 46 cent. le mètre ; combien doit-elle revendre le mètre pour gagner 52 francs sur le tout ?

33°. Un débitant a tiré 95 bouteilles 3/4 d'eau-de-vie à un tonneau qui en contenait

118 bouteilles 5/7. Combien recevrait-il de ce qui reste d'eau-de-vie, en vendant la bouteille à raison de 1 fr. 10 cent. ?

34°. 15000 personnes dépensent 3800 fr. par jour ; quelle sera la dépense de 890 personnes pendant le même temps, sachant qu'elles ont autant que les premières ?

35°. Norbert a prêté 13500 fr. à intérêt, à raison de 4 fr. 50 cent. de bénéfice pour 100 fr. ; quelle somme doit-il recevoir au bout de l'année ?

AMIENS. — Imprimerie de CARON-VITET.

SUPPLÉMENT.

CONVERSION DES SOUS EN CENTIMES
ET DES CENTIMES EN SOUS.

Il est bon de confier à sa mémoire que

1 sou fait	05 cent^{mes}		11 sous font	55 cent^{mes}	
2 sous font	10 —		12 ——	60 —	
3 ——	15 —		13 ——	65 —	
4 ——	20 —		14 ——	70 —	
5 ——	25 —		15 ——	75 —	
6 ——	30 —		16 ——	80 —	
7 ——	35 —		17 ——	85 —	
8 ——	40 —		18 ——	90 —	
9 ——	45 —		19 ——	95 —	
10 ——	50 —		20 ——	1 franc.	

Réciproquement, il faut retenir que

05 cent^{mes} font 1 sou.		55 cent^{mes} font 11 sous.	
10 ——	2 sous.	60 ——	12 —
15 ——	3 —	65 ——	13 —
20 ——	4 —	70 ——	14 —
25 ——	5 —	75 ——	15 —
30 ——	6 —	80 ——	16 —
35 ——	7 —	85 ——	17 —
40 ——	8 —	90 ——	18 —
45 ——	9 —	95 ——	19 —
50 ——	10 —		

MANIÈRE DE TENIR LES REGISTRES,
DE FAIRE LES FACTURES, LES MÉMOIRES.

(La colonne intitulée *Fr.* est la colonne des francs, et la colonne intitulée *cent.* est celle des centimes.)

COMPTE DE M. GUSTAVE. [1]

1843,			Fr.	cent.
Janvier	2	Fourni 3 kilog. de savon blanc, à, 50 c. le kil.	4	50
Id.	9	— 2 litres de vin rouge, à 90 c. le litre.	1	80
Février	4	— pour 25 c. de fil noir.	»	25
Mars. .	25	— un pain de fromage, pesant 6 kilog., à 1 fr. 60 c. le kilog. .	9	60
		Total.	16	15
		Reçu à compte . . .	6	15
		Reste dû.	10	» »

(1) C'est ainsi que tout marchand, en général, ouvre un compte à chaque personne qui achète à crédit.

FACTURE.

DOIT M. Roussel, *marchand à Doullens,*
à M. L'. *Etienne, négociant à* Amiens,
la somme de 960 fr. 40 c., pour l'envoi
des Marchandises *ci-dessous désignées.*

1843, Juillet	5		Fr.	cent.
		25 mètres de velours noir, n°. 2447, à 1 fr. 75 c. le m.	43	75
		156 mèt. de velours bleu, n°. 2400, à 2 fr. 10 c. le m.	328	65
		98 mèt. d'alépine, n°. 1953, à 6 fr. le mètre	588	» »
		TOTAL.	960	40

MÉMOIRE DU CORDONNIER,

Présenté à M. ANCELIN,

Par Jean-Louis Dufour, *Cordonnier.*

1842,				Fr.	cent.
Octobre.	4	Livré une paire de bottes fines, à M. Ancelin fils . .		18	» »
Décemb.	17	Raccommodé un soulier à Madame		» »	75
1843,					
Janvier .	24	Ressemelé les brodequins de M. Ancelin.		3	» »
Id.	30	Remonté une paire de bottes au même.		12	» »
			TOTAL.	33	75

Pour acquit, le 8 Février 1843.

(Signature de J.-L. Dufour.)

L'acquit du mémoire ci-dessus suppose que M. Ancelin a payé la somme de 33 fr. 75 c. lorsque ledit mémoire lui a été présenté.

On pourra donner encore à faire aux élèves *les mémoires* du cultivateur, du maréchal, du charron, du menuisier, de l'épicier, du boulanger, du débitant de boissons, du mercier, du teinturier, du boucher, du pharmacien, etc. ; *les factures* du libraire, du négociant, etc., etc.

QUESTIONS

A FAIRE AUX ÉLÈVES QUI ÉTUDIENT LE PETIT COURS D'ARITHMÉTIQUE.

Première Leçon. — Qu'est-ce qu'une quantité ? — Donner des exemples. — Comment obtient-on la longueur d'une pièce de toile ou d'un coupon de velours ou de toute autre chose semblable ? — Que nomme-t-on unité ? — Qu'appelle-t-on nombre ? — Donner des exemples.

2e. *Leçon.* — Qu'appelle-t-on nombre concret ? — abstrait ? — Exemples. -- Qu'est-ce qu'un nombre entier ? — un nombre fractionnaire ? — une fraction ? — Exemples. — Qu'est-ce que le calcul ? — Combien y a-t-il d'opérations principales en arithmétique ? — Quelles sont-elles ?

5e. *Leçon.* — Qu'est-ce que la numération ? — La numération parlée ? — écrite ? — Comment a-t-on formé les nombres ?

4e. *Leçon.* — Combien a-t-on d'abord inventé de nombres pour les représenter ? — Quels sont-ils ? — Qu'est-ce qu'une dizaine ? — Quel nom donne-t-on à une dizaine ? — à deux dizaines ? à trois dizaines ? etc.

5e. *Leçon.* — Qu'est-ce qu'une centaine ? — Comment compte-t-on par centaines ?

5.

—Qu'est-ce qu'un mille? — un million? — un billion? etc.

6e. *Leçon.* — Pourquoi a-t-on inventé les chiffres? — Combien y en a-t-il? — Qu'appelle-t-on chiffres significatifs? — Quand il y a plusieurs chiffres écrits les uns à côté des autres, qu'elle est la place des unités? — des dizaines? — des centaines? — Qu'est-ce que le zéro? — A quoi sert-il? — Que devient un chiffre significatif qui est à la gauche d'un zéro? — de deux zéros? etc.

7e. *Leçon.* — Comment lit-on un nombre écrit? — Quel nom donne-t-on à la 1re. tranche de chiffres à droite?—à la 2e. en allant vers la gauche? — à la 3e.? — à la 4e.? etc. — La dernière tranche à gauche a-t-elle toujours trois chiffres?

8e. *Leçon.* — Comment écrit-on un nombre entier dicté?—Comment l'arithmétique a-t-elle été définie? — Qu'appelle-t-on système de numération? — Comment notre système de numération se nomme-t-il? — Quelles sont les deux raisons pour lesquelles on l'a ainsi nommé?

9e. *Leçon.* —Parmi les quatre opérations de l'arithmétique, quelles sont celles qui servent à composer les nombres?—Quelles sont celles qui servent à les décomposer?— Qu'est-ce que l'Addition? — Que nomme-t-on somme ou total? —Peut-on additionner des nombres qui ne sont pas de la même espèce? — Pourquoi ne le peut-on pas?— Quel est le signe de l'addition? — Que signifie cette croix?

10e. *Leçon.* — Comment fait-on une addition ? — Que faut-il observer quand la somme surpasse le nombre 9 ? — Qu'est-ce qu'une preuve ? — Comment fait-on la preuve de l'addition ? — Quand sait-on que l'on a bien fait l'opération ?

11e. *Leçon.* — Qu'est-ce que la soustraction ? — Que nomme-t-on reste ? — Quel est le signe qui indique que l'on doit faire une soustraction ? — Que signifie ce signe ? — Comment fait-on une soustraction ? — Comment fait-on la preuve de cette opération ? — A-t-on besoin de poser de nouveaux chiffres pour faire cette preuve ?

12e. *Leçon.* — Qu'est-ce que la multiplication ? — le multiplicande ? *(c'est le nombre qui doit être multiplié.)* — le multiplicateur ? *(c'est le nombre par lequel on multiplie.)* — Que nomme-t-on produit ? — De quelle nature sont les unités du produit ? — Quel est le signe de la multiplication ? — Quand et comment se sert-on de la table de multiplication ?

13e. *Leçon.* — Quelle règle suit-on pour multiplier un nombre de plusieurs chiffres par un nombre d'un seul chiffre ? — Que faut-il observer quand le produit que l'on obtient est plus fort que 9 ?

14e. *Leçon.* — Comment multiplie-t-on un nombre de plusieurs chiffres par un nombre qui a aussi plusieurs chiffres ?

15e. *Leçon.* — Comment fait-on la preuve par 9 de la multiplication ?

16e. *Leçon.* —Change-t-on la valeur d'un produit quand on change les facteurs de place? — Que nomme-t-on facteurs du produit? *(On nomme facteurs du produit les deux nombres qui servent à former ce produit.)* — Comment multiplie-t-on un nombre entier par 10, par 100, — par 1000? etc. — Un nombre quelconque suivi de zéros par un autre nombre quelconque suivi de zéros? — Quand sait-on, en général, que l'on doit faire une multiplication?

17e. *Leçon.* — Qu'est-ce que la division? — le dividende? *(c'est le nombre qui doit être divisé.)* — Le diviseur? *(c'est le nombre par lequel on divise.)* — Qu'est-ce que le quotient? *(c'est le résultat de la division; il indique combien de fois le diviseur est contenu dans le dividende.)* — Quand et comment se sert-on de la table de multiplication pour faire une division?

18e. *Leçon.* —Quels sont les signes de la divion? — Que signifient-ils? — Quand on se sert d'un trait horizontal, où place-t-on le dividende? — le diviseur?

19e. *Leçon.* — Comment divise-t-on un nombre de plusieurs chiffres par un nombre de plusieurs chiffres, ou même par un nombre d'un seul chiffre, quand la table de multiplication n'est plus seule suffisante? (Voir la règle. La table de multiplication seule ne suffit pas, même quand le dividende n'a que deux chiffres, toutes les fois que ce dividende est plus de dix fois plus fort que le diviseur, comme 87 à diviser par 5.) — Commence-t-on la division vers la droite comme on le fait pour les trois autres opérations ?

20ᵉ. *Leçon.* — Comment fait-on la preuve de la division ? — Ne peut-on jamais faire la preuve par 9 ? — Quand sait-on, en général, que l'on doit faire une division ? — Qu'y a-t-il à remarquer quand le dividende et le diviseur sont terminés par un ou plusieurs zéros ?

21ᵉ. *Leçon.* — Qu'entend-on par fractions décimales ? — Qu'est-ce qu'un dixième ? — un centième ? — un millième ? — Pourquoi les fractions décimales s'écrivent-elles à la droite des entiers ? — Comment lit-on un nombre décimal ? — Comment l'écrit-on ? — Change-t-on la valeur d'une fraction décimale en écrivant des zéros vers la droite ?

22ᵉ. *Leçon.* — Comment fait-on l'addition des nombres décimaux ? — Quand tous les nombres n'ont pas le même nombre de décimales, ne peut-on pas écrire des zéros vers la droite de ceux qui en ont moins que les autres ? — Comment fait-on la soustraction des nombres décimaux ?

23ᵉ. *Leçon.* — Comment multiplie-t-on un nombre décimal par 10, par 100, par 1000, etc ? — Quelle règle suit-on pour multiplier deux nombres décimaux quelconques l'un par l'autre ? — Quand le produit n'a pas autant de décimales qu'il y en a dans les deux facteurs, que faut-il faire ?

24°. *Leçon.* — Comment fait-on pour diviser un nombre décimal par 10 ? — par 100 ? — par 1000 ? etc. — Que faut-il observer quand le dividende et le diviseur ont le même nombre de décimales ? — Comment divise-t-on un nombre entier par 10 ? — par 100 ? par 1000 ?

25°. *Leçon.* — Quelle règle suit-on quand le dividende a plus de décimales que le diviseur ? — Comment fait-on pour pousser en décimales le reste d'une division de nombres entiers ? — Quand le dividende a moins de décimales que le diviseur, comment doit-on faire la division ?

26°. *Leçon.* — Qu'est-ce qu'une fraction ordinaire ? *(c'est une ou plusieurs parties de l'unité divisée en un certain nombre de parties égales.)*—Qu'appelle-t-on numérateur ? — dénominateur ? — Comment lit-on une fraction ordinaire écrite ? — Comment l'écrit-on ? — Comment change-t-on une fraction ordinaire en une fraction décimale de même valeur ?

27°. *Leçon.* — Quelles sont les choses qu'on peut avoir à mesurer ? — Combien y a-t-il de mesures nouvelles ? — Nommez-les. — Qu'est-ce que le système métrique ? *(c'est l'assemblage des nouveaux poids et mesures adoptés en France par la loi.)* — Que signifient les mots déca, hecto, kilo, myria ? — les mots déci, centi, milli ?

28e. *Leçon*. — Les mots déca, hecto, etc., ne servent-ils pas pour toutes les unités du système métrique ? — Que représente un kilolitre ? — un centiare ?

29e. *Leçon*. — Quelle est l'unité des longueurs ? — Qu'est-ce qu'un décimètre ? — un centimètre ? — un millimètre ?

30e. *Leçon*. — Quelle est l'unité des surfaces ? — Qu'est-ce que le mètre carré ? — le décimètre carré ? *(c'est la 100e. partie du mètre carré.)* — le centimètre carré ? *(c'est la centième partie du décimètre carré.)* — Comment écrit-on les mesures carrées ? — Qu'est-ce que l'are ? — Quel est son multiple ? — son sous-multiple ? — Quelle est l'unité des volumes ? — Que vaut le mètre cube ? — le décimètre cube ? — Quand on mesure les bois de chauffage, de quoi se sert-on ?

31e. *Leçon*. — Quelle est l'unité des capacités ? — Combien le litre vaut-il de décilitres ? — Le décilitre, combien vaut-il de centilitres ? — Quelle est l'unité des poids ? — Qu'est-ce que le gramme ? — Quels sont les multiples du gramme ? — ses sous-multiples ? — Qu'est-ce que le franc ? — Que pèse le franc ? — la pièce de deux francs ? — la pièce de cinq francs ? — Ne met-on pas du cuivre dans toutes ces pièces ? — A quoi sert le cuivre ? — Comment, avec des pièces d'argent, trouve-t-on la longueur du mètre ?

(FIN DU QUESTIONNAIRE.)

TABLE DES MATIÈRES.

POUR PARAÎTRE INCESSAMMENT

LES

SOLUTIONS RAISONNÉES DES PROBLÈMES

DU

PETIT COURS D'ARITHMÉTIQUE.

———⸭———

Afin d'empêcher que les enfants, après avoir quitté l'école, n'oublient une grande partie des problèmes du Petit Cours d'Arithmétique, l'auteur de cet ouvrage se propose de faire paraître les solutions raisonnées de ces problèmes. Elles pourront être de quelque utilité aux jeunes gens, quand une fois ils seront abandonnés à eux-mêmes, ainsi qu'à bien des personnes qui ne fréquentent plus les écoles depuis longtemps.